우리 아이

예쁜 몸매

만드는 비결 35

일본 최고의 모델 야마다 유를 키워낸 억척 엄마의 실전 노하우

우리 아이

예쁜 몸매

만드는 비결 35

야마다 미카코 지음 | 송효선 옮김

율리시즈

'제 딸이 아름다운 여성으로 자랐으면 좋겠어요.'
딸을 키우는 부모라면 누구나 바라는 일이겠지요.
그렇다면 아름다운 여성이란 어떤 여성일까요?
가슴에 손을 얹고 저 자신에게 물어봤습니다.
'나는 과연 어떤 사람을 아름답다고 생각하는 걸까?' 하고요.

저는 바로 '우아한 여성'을 떠올렸습니다.
외모만 아름다운 것이 아니라,
평상시 태도나 행동거지도 매력적인 여성 말입니다.
즉, 겉모습뿐만 아니라 내면의 아름다움까지
겸비한 우아한 여성이야말로
진정 아름다운 여성이라고 할 수 있겠지요.

우리 딸을 그런 여성으로 키우려면,
애정이 듬뿍 담긴
확실한 훈육이 필요합니다.

우선 아이들 한 명 한 명에게 진지한 태도로 다가가

때로는 엄하게, 때로는 상냥하게 대하는
양육 방식이 중요하다는 말이지요.

특히 부모라면 자기 딸이 아름다운 바디 라인이나
모두에게 사랑받는 외모를 갖추기를 바라시겠지요.
저는 그런 외형의 아름다움도
부모와 아이가 함께 만들어 가는 것으로 생각합니다.
딸을 미인으로 만들기 위해
지금부터 엄마가 해야 할 일은 아주 많답니다.

이 책에서는 우리 아이를 '아름다운 여성'으로 키우기 위한
35가지의 방법을 소개하려고 합니다.
인기 여배우이자 모델로 활동하는 자랑스러운 제 딸,
'야마다 유'를 키운 경험에서 우러나온 노하우를
이 35가지 방법에 가득 담았습니다.

그럼 '아름다운 여성'을 목표로, 엄마와 딸이
오늘부터 함께 시작해보지 않으시겠어요?

차례

part 2

아름다운 바디 라인은 엄마와 딸이 함께 만든다

part 3

엄마가 아름다워지면 딸도 미인이 된다

part 4

예쁜 마음을 지닌 미인이 되는 규칙

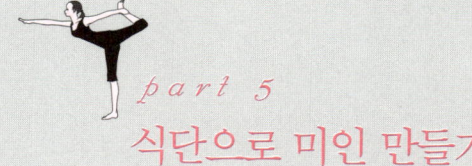

part 5

식단으로 미인 만들기

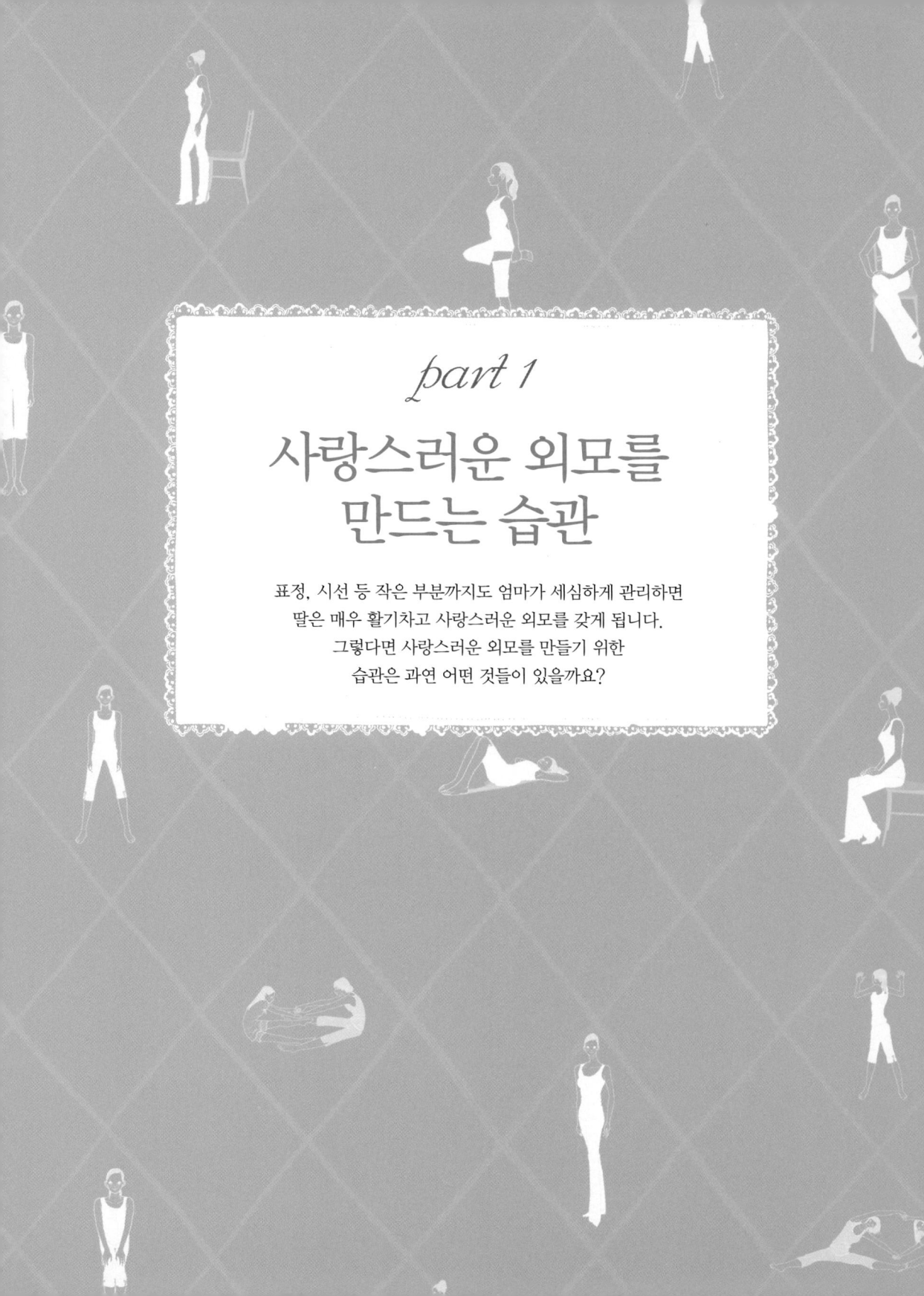

part 1

사랑스러운 외모를 만드는 습관

표정, 시선 등 작은 부분까지도 엄마가 세심하게 관리하면
딸은 매우 활기차고 사랑스러운 외모를 갖게 됩니다.
그렇다면 사랑스러운 외모를 만들기 위한
습관은 과연 어떤 것들이 있을까요?

1

매일 웃는 얼굴을 만드는 습관이

사랑스러운
외모를 만든다

누구라도 호감을 느끼게 하는 사랑스러운 외모란 어떤 것일까요? 그것은 바로 언제나 생긋 웃는 얼굴입니다. 웃는 얼굴은 주위 사람을 행복하게 해주고, 밝고 활기찬 사람이라는 인상을 심어주지요. 반대로 아무리 아름다워도 항상 무표정한 여자아이는 선뜻 다가가기 어렵고 어두운 인상을 줍니다.

그래서 저는 딸에게 "항상 밝게 웃는 얼굴로 있으렴" 하고 귀에 못이 박일 정도로 이야기했지요. 그렇다고 부모가 아이의 감정까지 조정하라는 뜻은 아닙니다. 오히려 저는 딸아이가 희로애락을 확실히 표현할 수 있도록 가르쳤습니다. 그렇게 해서 감정과 표현 방식의 균형을 잘 맞출 수 있었으니까요. 이 과정을 반복하다 보면 어느새 아름답게 웃는 얼굴이 만들어질 거예요.

그리고 아이는 태어날 때부터 쭉 엄마의 얼굴을 보면서 자라지 않습니까? 이렇게 아이가 엄마의 웃는 얼굴을 관찰하고 흉내내면서 웃는 얼굴을 만드는 방법을 배워 나가는 것이지요. 그러니까 아이와 함께 있는 시간이 누구보다도 많은 엄마가 웃는 얼굴로 있는 것이 중요합니다. 엄마가 항상 방긋 웃고 있으면 아이도 웃는 얼굴이 아름다운 여성으로 자라는 것이지요.

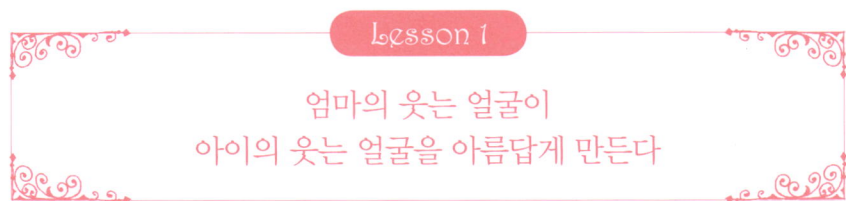

Lesson 1

엄마의 웃는 얼굴이
아이의 웃는 얼굴을 아름답게 만든다

2

집안에 거울을
잔뜩 놓아두자

딸아이는 초등학교 5학년일 때 전등이 달린 분홍색의 '여배우 분장실용 거울'을 선물로 받았습니다. 아이는 이미 3살 때부터 모델 활동을 하고 있었기 때문에, 제가 굳이 말하지 않아도 혼자서 거울을 보며 웃는 얼굴을 만들거나 포즈를 잡으면서 연습하곤 했지요.

놀랍게도, 아무리 어리다고 해도 여자아이는 자기만의 매력 포인트를 금세 찾아낸답니다! 틈틈이 자기 모습이 귀엽게 보이는 각도나 예쁘게 보이는 자세를 연구하는 것이지요. 바로 이런 습관이 여자아이를 미인으로 만든다고 해도 과언이 아닙니다.

그래서 저는 화장실, 부엌, 아이 방, 현관 등 온 집 안에 거울을 잔뜩 놓아두는 것을 추천합니다. 작고 귀여운 손거울부터 전신 거울까지, 시선이 닿는 곳이라면 어디에나 거울을 두세요. 그러면 아이가 거울을 보는 횟수가 늘어나면서 자연스럽게 표정을 만들거나 자세를 잡게 됩니다. 거울에 친숙해질수록 아이는 스스로 더 예뻐지고 싶다고 느끼게 된답니다.

Lesson 2

집 안에 거울을 잔뜩 놓아두고 아이가
자신의 매력 포인트나 결점을 파악할 수 있도록 하자

집 안에 거울을 잔뜩 놓아두자

아이는 거울을 자주 보면서 점점 자신의 매력 포인트나 결점을 파악합니다. 자신을 향한 탐구심과 긴장감은 예뻐지는 데 필요한, 무엇보다도 중요한 첫걸음입니다.

아이가 좋아하는 거울이 있으면 더 예뻐질 수 있다!

딸아이가 초등학생일 때 좋아한 거울은 전등이 달린 '여배우 분장실용 거울'이었습니다. 이 거울 앞에서 다양한 표정을 연습하곤 했지요. 딸이 어른이 된 기념으로 엄마가 소중히 써왔던 엄마 전용 거울을 선물하는 것은 어떨까요? 분명 '더 예뻐지고 싶어!'라는 마음이 마구 솟아날 거예요.

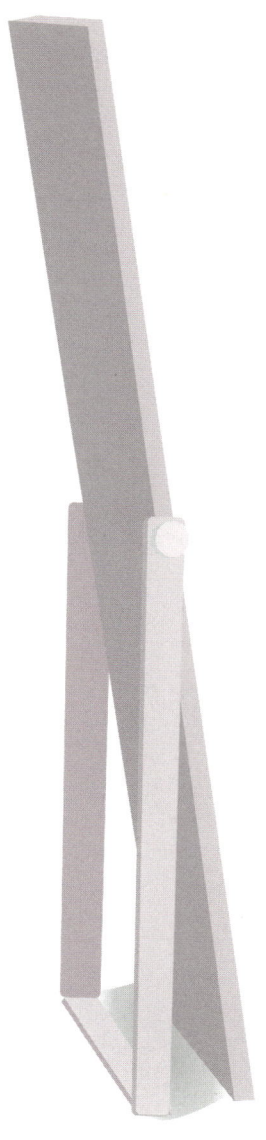

**거울이 있으면 그때그때
표정 레슨이 가능하다**

집 안 곳곳에 거울이 있으면 거울을 지나칠 때
마다 자연스럽게 표정이나 자세를 확인하게 됩
니다. 이런 작은 습관이 매일 거듭되면 아이를
미인으로 만드는 지름길이 되는 것입니다.

3

아이의 사진을
많이 찍자

여자아이라면 누구나 자기가 예쁘고 깜찍하게 보이는 각도나 표정을 알고 싶어 하기 마련이지요. 딸아이는 아기 때부터 모델 활동을 하고 있었기 때문에 자신을 가장 돋보이게 하는 표정과 포즈를 알고 있었어요. 아마도 촬영 현장에서 스태프에게 "너무 귀엽다!" 하고 호평받은 포즈를 기억하고 있었나 봅니다. 아이는 칭찬해줄수록 더 열심히 하고, 칭찬받은 행동이 무엇이었는지 잘 기억하려고 하니까요.

평소에 아이의 사진을 많이 찍어주세요. 그리고 잘 나온 사진을 보며 "아주 예쁘게 찍혔네!" 하고 칭찬해줍시다. 그렇게 하다 보면 아이는 자신이 가장 예쁘게 보이는 표정이나 포즈를 알아차리고 점점 자신감을 갖게 됩니다. 사진을 많이 찍으니 남들 앞에서 자신을 내세우는 것에 익숙해지는 것이죠.

또 아이가 예쁜 표정뿐만 아니라 희로애락 등의 다양한 감정을 드러낼 수 있는 사진을 찍어주세요. 친구들과 장난칠 때처럼 우스꽝스러운 표정, 잔뜩 찌푸린 표정 등을 만들게 해서 찍어봅시다. 나중에 가족들이 한바탕 웃으면서 사진을 구경하는 재미도 있고, 무엇보다 사진을 많이 찍을수록 여자아이는 더 예뻐진답니다!

Lesson 3

희로애락의 표정을 풍부하게 하려면
사진을 많이 찍어주자

입꼬리를 올려서 행복지수를 UP!

젓가락으로
연습하기

입꼬리를 올리면 언제나 미소 짓는 것처럼 보이지요. 미소 짓는 얼굴은 밝고 기품 있는 인상을 안겨줄 수 있어요.

그래서인지 모델이라는 직업은 웃는 얼굴을 요구하는 일이 많습니다. 처음 미스 도쿄 컨테스트에 출전했을 때 저는 억지로 계속 미소 짓고 있는 것이 너무 힘들었어요. 그래서 예절 담당 선생님께 배운 것이 바로 젓가락을 사용해서 입꼬리를 올리는 연습이었습니다.

입술에 젓가락을 물고 힘을 주기만 하면 되는 아주 간단한 방법이에요. 그러나 실제로 해보면 쉽지 않답니다. 익숙하지 않은 사람은 그 상태를 몇 초 동안 유지하는 데에도 입꼬리가 부들부들 떨릴 겁니다. 젓가락은 굵기와 탄력이 적당한 것이 좋지만, 그냥 집에 있는 것을 사용해도 괜찮아요.

이 연습을 몇 년 동안 꾸준히 했더니 입꼬리가 자연스럽게 올라가게 되었어요. 제 자신이 효과를 톡톡히 보았기 때문에 바로 딸에게도 시켰지요.

독자 여러분도 아이에게 가르쳐주면서 함께 연습해보세요. 입매가 쭉 올라가면서 얼굴 근육이 당겨지니까 볼 살이 늘어지는 것도 방지할 수 있어요.

Lesson 4

입꼬리를 올리면 항상 밝고 기품 있게
미소 짓는 얼굴이 될 수 있다

젓가락으로
연습하기

입꼬리를 올리면 밝고 기품 있는 표정이 됩니다. 아이가 어릴 때부터 젓
가락을 사용해서 연습을 시키세요. 자연스럽게 입꼬리가 올라갈 거예요.

젓가락을 물고 가만히!
표정근을 단련해서 입꼬리가 UP

예쁘게 입꼬리가 올라간 자기 얼굴을 상상하면서 1분 동안 젓가락을
물어야 합니다. 여기에서 주의할 점은 이가 아닌 입술만으로 젓가락을
물 것! TV를 볼 때나 틈틈이 시간이 날 때마다 매일 꾸준히 연습하면
어느새 입 주변의 표정근이 단련되어서 자연스럽게 입꼬리가 올라갈
거예요.

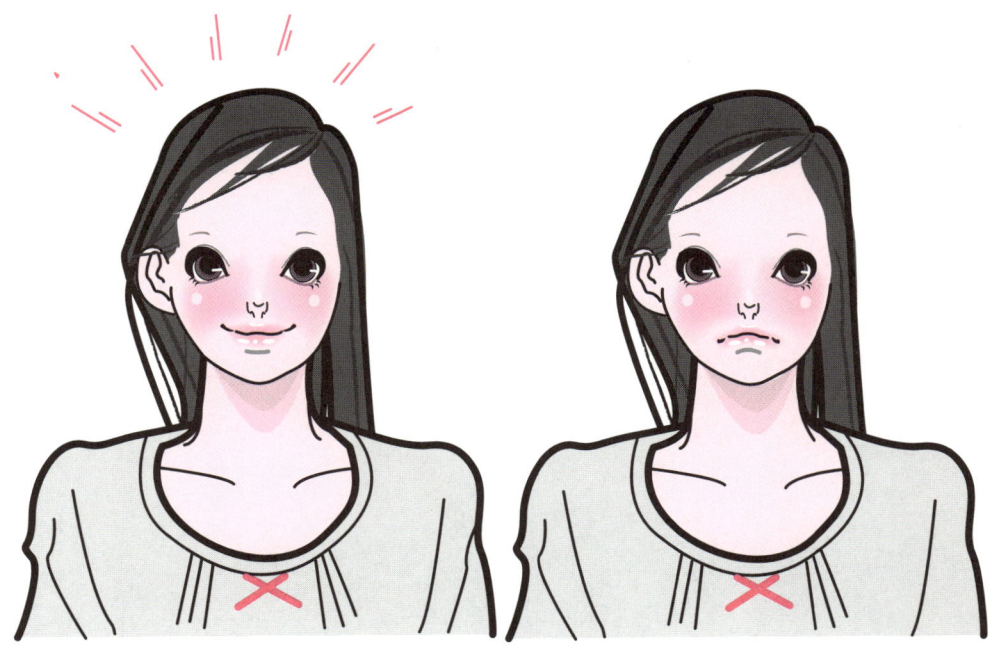

**입꼬리가 올라간 아이와
내려간 아이는 이렇게나 달라요**

입꼬리가 올라간 아이는 밝고 활발한 느낌을 줍니다. 반대로 입꼬리가
내려간 아이는 표정이 어둡고 화가 난 것 같지요? 다른 점은 입꼬리
하나뿐인데, 인상에 큰 영향을 준답니다.

5

엄마와 딸이니까 마음껏 할 수 있다!!

우스꽝스러운
표정 만들기

사진을 찍을 때 아이에게 "활짝 웃어봐!" 하고 말해보세요. 아이가 예쁘게 웃고 있나요? 아니면 어딘가 어색한 웃음을 짓고 있나요?

자기는 웃고 있다고 생각해도 막상 제대로 웃지 못하거나, 웃는 것처럼 보이지 않는 아이가 있습니다. 얼굴의 근육을 능숙하게 사용하지 못하기 때문이지요.

표정을 만드는 근육을 표정근이라고 하는데, 사람에게 이 표정근은 대략 50개 정도가 있어요. 표정근도 다른 근육과 마찬가지로 사용하지 않으면 발달하지 않으니 평소에도 표정근을 열심히 단련하는 것이 좋겠지요?

표정근을 단련하고 싶은 분께 저는 '우스꽝스러운 표정 만들기 레슨'을 추천합니다. 딸아이가 어렸을 때 제가 자주 해준 놀이랍니다. 얼굴 일부분에 집중하고, 평소에 별로 움직이지 않는 부분을 움직여서 우스꽝스러운 표정을 만드는 거예요. 여기에 '웃으면 진다' 같은 우리만의 규칙을 정하면 더 재미있겠지요. 이 놀이를 하다 보면 어느새 다양하고 활기찬 표정을 지을 수 있게 될 거예요.

Lesson 5

엄마와 딸이 놀면서 평소에 잘 사용하지 않는 표정근을 단련시키자

웃으면 지는 게임으로 '우스꽝스러운 표정 만들기 레슨'

표정근이 단련되면 표정이 아주 풍부해져요. 표정근을 역동적으로 움직이면서 우스꽝스러운 표정 만들기 연습을 해보세요.

엄마와 딸이 우스꽝스러운 표정으로 게임을 해보세요.

얼굴 일부분에 집중해서 평소와는 다른 방향으로 잘 사용하지 않는 근육을 움직여봅시다. 예를 들면 입을 꾹 다물고 양쪽으로 씰룩거리거나 눈썹만 찡긋거리는 거예요. 여기에 '웃으면 진다' 같은 규칙을 정해놓으면 게임을 보다 더욱 재미있게 즐길 수 있답니다.

한쪽 방향으로 입꼬리를 역동적으로 올려보자

입을 다물고 한쪽 방향을 향해서 입꼬리를 쭉 올려주세요. 그대로 3초 동안 스톱!

가능한 한 역동적으로 움직여야 해요. 반대쪽도 마찬가지로 움직여서 양쪽 번갈아가며 5번 정도 실시합니다. 이렇게 하면 평소에 사용하지 않는 표정근을 풀어주어서 표정이 풍부해져요. 팔자 주름과 볼살이 처지는 것을 방지하는 데에도 효과가 있으니까, 엄마도 함께하면 더 좋겠지요!

6

'바라보는 힘'을 키워서

상대방의 마음을
사로잡자

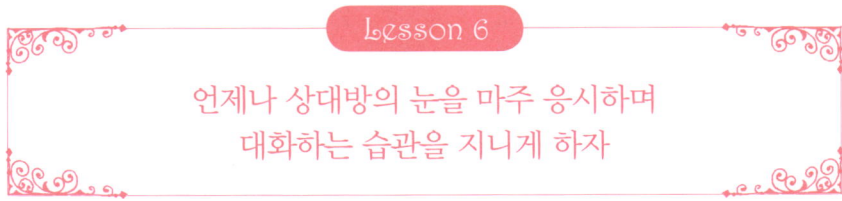

대화를 할 때 상대방의 눈을 바라볼 것. 제가 늘 강조하는 것입니다. 상대방의 눈을 응시하는 아이는 커뮤니케이션 능력이 높아지고, 상대방을 매료시키는 힘을 지닐 수 있습니다.

물론 상대방의 눈을 자연스럽게 바라보는 아이가 있는 한편, 수줍어하거나 눈을 제대로 마주치지 못하는 아이도 있겠지요. 그러나 부모가 잘 이야기하고 이러한 습관을 지니게 도와준다면 얼마든지 개선할 수 있어요.

상대방을 처음 만날 때나 긴장했을 때에도 아이가 자연스럽게 상대방의 눈을 바라볼 수 있게 하려면 마음의 힘을 키우는 것도 중요합니다. 이런 경우는 많은 경험과 아이 자신의 노력이 없으면 극복하기 어려우니까요.

그리고 저는 "먼 곳을 바라보렴", "눈을 잠깐 쉬어봐" 하면서 잔소리를 자주 했습니다. 모델이란 직업은 강한 조명을 받으며 눈을 혹사당하기 일쑤니까요. 아직 어린 딸의 시력을 지켜주기 위해서였지요. 만약 눈이 건조하면 안약을 넣으라고, 눈이 피곤하면 온찜질이나 냉찜질을 하라고, 이런 식으로 아이의 눈 관리에 대해서만큼은 귀찮을 정도로 주의를 시켰습니다.

Lesson 6

언제나 상대방의 눈을 마주 응시하며
대화하는 습관을 지니게 하자

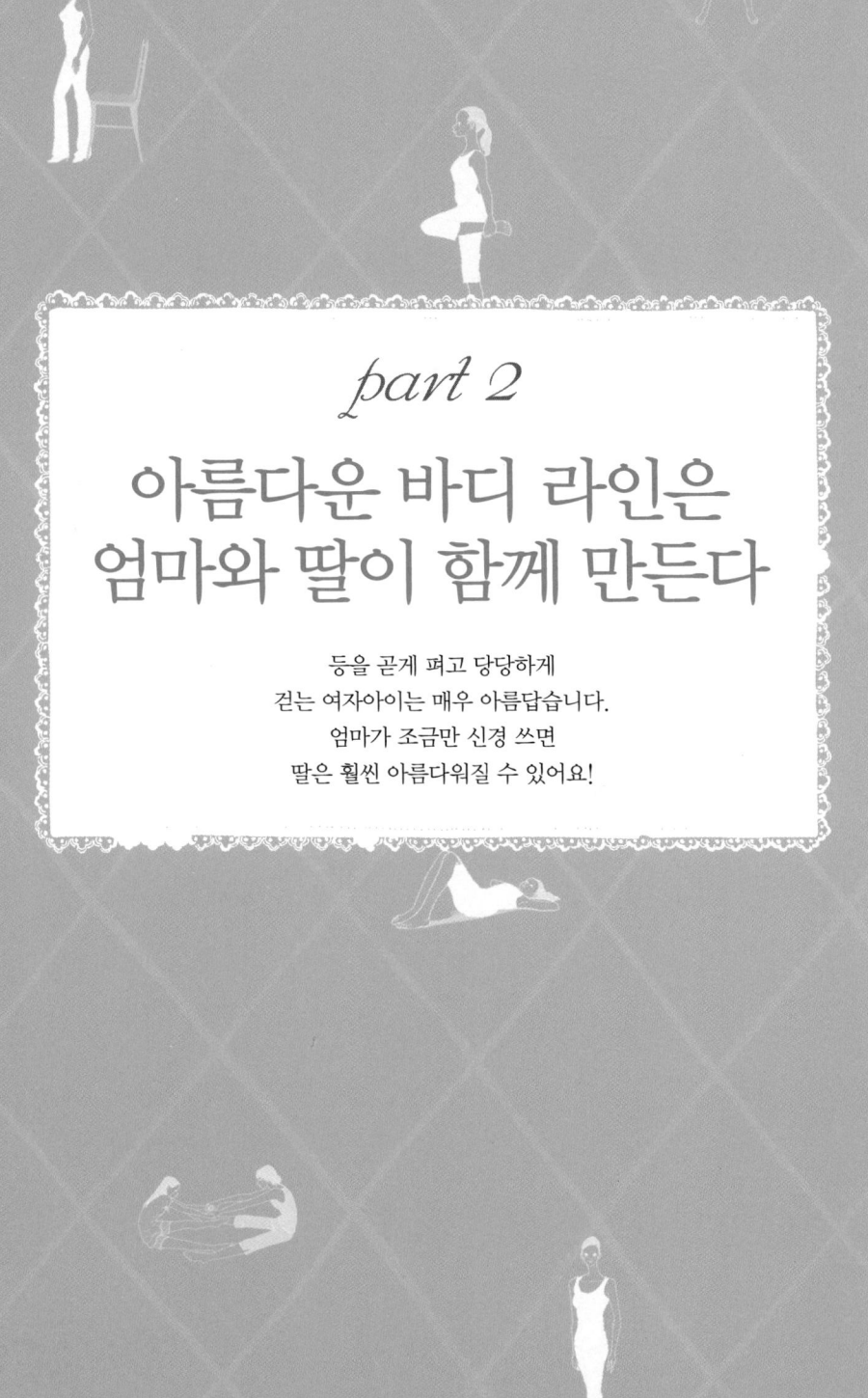

part 2

아름다운 바디 라인은
엄마와 딸이 함께 만든다

등을 곧게 펴고 당당하게
걷는 여자아이는 매우 아름답습니다.
엄마가 조금만 신경 쓰면
딸은 훨씬 아름다워질 수 있어요!

7

하루에 10분
마사지를 하자

저는 딸아이가 아기였을 때 항상 베이비 마사지를 해주었어요. 베이비 마사지는 피부 관리뿐만 아니라 기분 좋은 자극을 전달해서 내장 기관이 튼튼해지는 것에도 도움을 준다고 합니다.

이 베이비 마사지는 꼭 아기에게 해주지 않아도 괜찮아요. 바쁜 엄마가 간단하게 해줄 수 있는 스킨십으로 마사지를 권합니다. 아이의 피부를 직접 마사지하면서 '사랑해!'라는 마음을 전해주는 거지요.

★마사지 방법

① 양 손바닥에 베이비오일을 뿌립니다.

② 아이의 손발 끝 부분 → 등 → 배 → 가슴 순서로 손바닥 전체를 이용해서 부드럽게 미끄러뜨리며 마사지합니다.

마사지하기에 가장 좋은 때는 아이가 밤에 막 목욕을 마쳤을 때랍니다. 아이에게 말을 걸면서 하루에 10분 정도 부드럽게 마사지해주세요. 시간은 길지 않아도 괜찮으니까 매일 마사지해주는 것을 잊지 마세요!

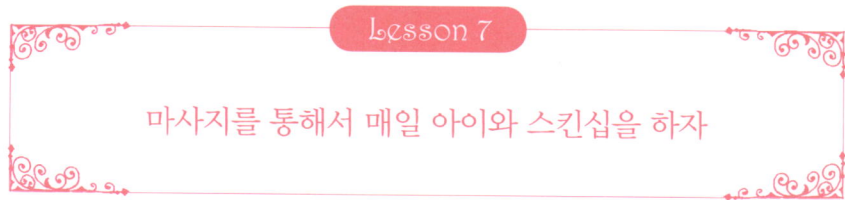

Lesson 7

마사지를 통해서 매일 아이와 스킨십을 하자

모델 같은 몸매를 만드는

핵심은
'신진대사'

제 딸은 매우 활기찬 아이였어요. 언제나 온몸이 땀으로 범벅이 될 만큼 열심히 뛰어놀고 운동하거나 정신없이 춤을 추었기 때문에 하루에 5번이나 옷을 갈아입힐 정도였답니다.

이렇게 어릴 때 활동적으로 땀을 많이 흘리는 편이 땀샘을 형성하는 데에 도움이 되어 매우 좋다고 합니다. 반대로 에어컨을 켠 집 안에서 전혀 땀을 흘리지 않은 아이는 땀샘을 충분히 형성하지 못할 수도 있다고 하네요. 혹시 땀샘 따위는 별로 중요하지 않다고 생각하시나요? 땀샘이 제대로 형성된 아이와 그렇지 않은 아이는 나중에 매우 큰 차이가 생긴답니다.

땀을 많이 흘린다는 것은 신진대사가 활발한 상태라고 할 수 있어요. 그리고 신진대사가 활발하면 쉽게 살이 찌지 않는 체질이 되지요. 아이가 살이 잘 찌지 않는 체질이 되도록 만들어줍시다. 놀이나 운동, 춤, 무엇이든 좋아요. 일단 몸을 움직이게 해서 땀을 많이 흘리게 하는 거예요.

제 딸은 지금도 헬스장에서 운동하며 땀 흘리는 것을 좋아해요. 무리한 다이어트를 하기보다 '먹은 만큼 운동한다!'는 주의니까요. 몸을 움직이면서 체형을 유지하는 거지요.

Lesson 8

땀을 많이 흘리게 해서 신진대사가 원활한,
살이 잘 안 찌는 체형을 만들자

할머니가 전수해준

'각선미를 만드는
마사지법'

저는 딸애가 중학교 2학년이 되기까지 매일 거르지 않고 다리를 마사지해주었습니다. '다리야, 쭉쭉 길고 예뻐져라!' 하는 염원을 가득 담아서 말이지요.

이 마사지 방법은 할머니가 어머니에게 가르쳐준 것을 어머니가 저에게, 그리고 제가 딸에게 가르쳐주면서 무려 4대에 걸쳐 전해져온 것이랍니다. 전 어렸을 때부터 할머니와 어머니께 직접 마사지를 받았기 때문에 그 효과를 매우 잘 알고 있었지요. 제 딸도 꼭 예쁜 다리를 가졌으면 좋겠다는 생각에 이 방법으로 열심히 마사지했더니, 역시나! 균형 잡힌 날씬한 다리가 되었지요.

다리가 피곤하거나 부었을 때, 귀찮다고 그대로 놔두면 노폐물이 빠져나가지 못하고 지방이 붙기 쉬워요. 그러니까 그날 쌓인 피곤은 즉시 풀어주는 것이 좋아요. 아무리 지치고 쓰러질 것 같아도 목욕 후에 다리를 마사지하면 피로가 싸악 풀릴 거예요. 별것 아닌 듯 보여도 매일 하다 보면 누구나 쭉 뻗은 예쁜 다리를 가질 수 있답니다.

다음 장에서 각선미를 만드는 마사지 방법을 알려드릴게요. 엄마가 딸에게, 그리고 딸이 미래의 손녀에게……. 이 마사지와 함께 대를 이어 멋진 각선미를 갖길 바랍니다.

Lesson 9

노폐물을 시원하게 제거하는 마사지로
딸의 각선미는 엄마가 책임진다!

4대에 걸친, 각선미를 만드는 마사지 방법

할머니가 어머니에게, 어머니가 저에게, 그리고 제가 딸에게. 무려 4대에 걸친 효과적인 마사지 방법입니다. '다리야, 예뻐져라!' 하는 마음을 가득 담아서 마사지합시다!

목욕을 막 끝냈을 때가 마사지하기에 가장 좋은 시간이에요. 침대나 소파 등 편안한 곳에서 아이와 서로 마주보고 앉습니다. 아이의 양다리를 앞으로 쭉 펴고 무릎을 살짝 굽히게 하세요. 사이좋게 대화를 나누면서 마사지하면 즐거운 시간을 보낼 수 있겠지요.

❶ 양손으로 다리를 잡습니다. 그리고 번갈아서 꾹꾹 주물러주세요.

- 아이의 한쪽 발목을 양손으로 잡습니다.
- 한쪽 손바닥을 화살표 방향으로 돌리면서 비트는 느낌으로 주물러주세요.
- 이렇게 좌우 양쪽을 번갈아가며 주물러줍니다. 발목에서 무릎으로 조금씩 올라가면서 마사지하세요.

❷ 무릎 뒤쪽을 살짝 눌러줍니다.

무릎 뒤쪽은 혈액과 림프선이 뭉치기 쉬운 부분이에요. 여기를 부드럽게 눌러서 자극하면 혈액의 흐름이 원활해집니다.

❸ 허벅지도 확실히 주물러주세요.

무릎에서 허벅지 끝까지 ①과 똑같은 방법으로 마사지합니다. 특히 군살이 잘 붙는 허벅지 안쪽을 신경 써서 꼼꼼히 마사지해주세요.

❹ 허벅지 끝부터 발목까지 다리를 곧게 정돈합니다.

마지막으로 허벅지 끝부터 발목을 향하여 쓰윽 쓸어내려줍니다. 다리를 곧게 펴준다고 상상하면서, 양 손바닥으로 다리를 가볍게 잡고 동시에 쓸어내리면 됩니다.

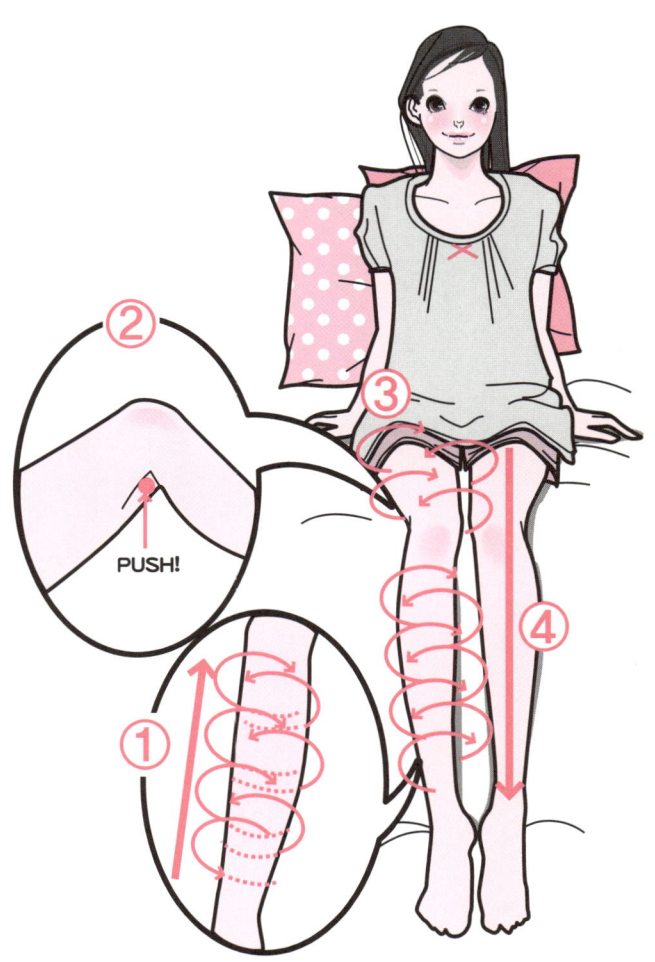

①~④가 1세트입니다. 이것을 좌우 번갈아서 3~5세트 실시하세요.

10

우아함은 아름답게

서 있는 자세에서
태어난다

우선 아이가 서 있는 자세를 체크해봅시다. 혹시 아이의 등이 구부정하거나 어깨가 기울어 있거나 상체가 돌아가 있지는 않은가요? 다음 장에 체크하기 쉽게 정리했으니 참고하세요.

다음 장에서 하나라도 걸리는 항목이 있다면 43쪽~45쪽에 나와 있는 '서 있는 자세를 교정하는 방법'을 따라 해보세요. 금방 다른 점이 느껴지실 거예요. 자세가 바르게 교정될 때까지 매일 부지런히 반복하셔야 합니다. 그렇게 습관이 되면 의식하지 않고도 자연스럽고 아름답게 서 있는 자세를 취할 수 있답니다.

또 아름답게 서 있거나 당당하게 걷기 위해서는 복근을 단련시키는 것도 중요합니다. 아이들도 쉽게 따라 할 수 있는 간단한 근육 운동을 10회 정도 매일 반복합시다. 한 달만 해도 큰 변화가 생길 거예요.

그러나 서 있는 자세는 조금이라도 방심하면 바로 무너지니 늘 신경 쓰셔야 해요! 아이가 '나도 엄마처럼 멋있어지고 싶어!'라고 생각할 수 있도록, 먼저 엄마가 바른 자세를 갖는 것이 좋겠지요.

Lesson 10

간단한 자세 교정 방법을 반복하여
아름답게 서 있는 자세를 확실히 익히자

🎈 서 있는 자세를 체크해봅시다

아이에게 발뒤꿈치를 붙이고 똑바로 서게 합니다. 그 자세를 보면서 다음 항목을 체크해보세요.

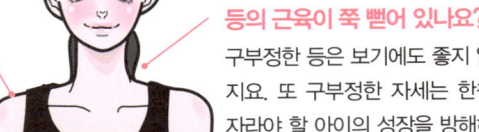

어깨가 한쪽으로 기울어 있지는 않나요?
양쪽 어깨의 위치를 체크합시다. 바른 자세라면 어깨가 바닥과 평행을 이루어야 해요. 어깨가 좌우 어느 한 쪽으로 기울었다면 근육이 고르게 발달하지 못했거나 뼈가 휘어졌을 가능성이 있어요.

등의 근육이 쭉 뻗어 있나요?
구부정한 등은 보기에도 좋지 않지요. 또 구부정한 자세는 한참 자라야 할 아이의 성장을 방해하는 요인이 된답니다.

양손은 몸의 라인에 맞게 붙어 있나요?
자세가 바르지 못하면 팔이 몸보다 앞으로 나오게 됩니다.

양 무릎은 붙어 있나요?
무릎 사이가 벌어져 있으면 다리가 곧게 자라지 못해서 O자 다리가 될 가능성이 높아요.

♀ 서 있는 자세를 교정합시다

서 있는 자세는 아름다운 바디 라인을 만들기 위한 기본 중의 기본이에요. 아래의 1~4단계를 따라 하여 자세를 교정하고, 마지막 5단계에서는 교정된 자세를 체크하여 몸에 익히도록 합시다.

1 등을 벽에 대고 서기

등을 벽에 대고 서세요. 양쪽 발뒤꿈치를 모으고 엉덩이와 등, 어깨, 뒤통수를 벽에 붙입니다. 시선은 정면을 향해서 턱을 당기고, 복근에 힘을 주세요. 벽과 허리 사이에 주먹이 들어갈 정도의 공간이 생긴다면, 몸이 매우 기울어진 상태라고 할 수 있습니다.

2 벽에서 한 발짝 앞으로 나오기

벽에서 떨어져서 한 발짝 정도 앞으로 나오세요. 1의 자세를 그대로 유지한 채 똑바로 서 있어야 해요.

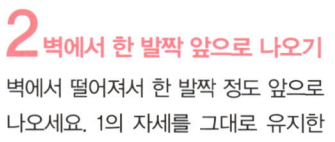

3 무릎을 천천히 굽히기

상반신은 그대로 두고 양 무릎을 살짝 벌려서 천천히 굽히세요. 이어서 양 무릎을 다시 오므리고 양 손을 무릎 위에 살짝 얹습니다. 시선은 정면을 향하고 턱을 당긴 자세를 유지해야 합니다.

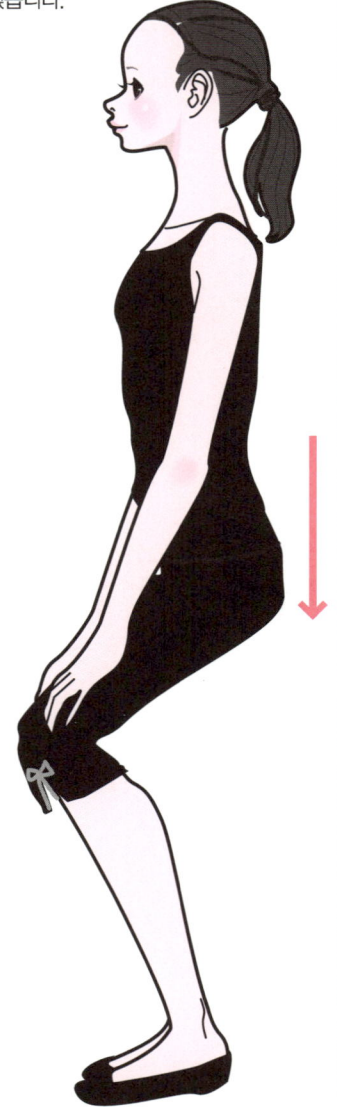

4 무릎을 쭉 펴면서 양손을 올린 자세로 스톱. 마지막에 다 함께 내린다

① 상반신은 그대로 유지하고 무릎을 가지런히 모으세요. 그 상태로 양다리를 천천히 쭉 폅니다. 양팔을 함께 펴면서 옆으로 크게 벌려 원을 그리듯이 머리 위로 올려주세요. 양손을 깍지 껴서 손바닥이 하늘을 향하도록 쭉 뻗으세요. 이때 발뒤꿈치를 모으고 바닥에 붙인 상태를 유지해야 합니다. 이 자세로 3초간 정지하세요.
② 양손을 원을 그리면서 천천히 내립니다.

정면에서 보았을 때의 자세

5 다시 등을 벽에 대고 서기

그대로 한 발짝 뒤로 가서 다시 양 발 뒤꿈치와 엉덩이, 등, 어깨, 뒤통수를 벽에 붙입니다. 이때 벽과 허리 사이의 공간을 다시 체크해보세요. 손바닥이 들어갈 정도의 공간이 생겼다면 자세가 제대로 교정된 것입니다.

11

미인 지수를 UP시키는

'당당하게
걷기'

걸어가는 여자아이들을 보다 보면 안타까운 마음이 들 때가 종종 있어요. 무게 중심이 앞으로 쏠려서 금방이라도 넘어질 듯 아슬아슬하게 걷거나, 계속 무릎을 굽히면서 걸으면 기껏 예쁘게 차려입은 게 아무 소용도 없잖아요?

그래서 제가 모델 활동을 하면서 배웠던 워킹 방법을 소개합니다. 평소 걷는 자세가 신경 쓰이셨던 분은 꼭 따라 해보세요. 아이가 10살이 넘었다면 5센티미터 정도의 굽 있는 구두를 신겨서 연습을 시키세요. 굽이 높은 구두를 신으면 굽이 낮은 구두를 신었을 때보다 예쁘게 걸으려고 의식하기 때문에 연습에 도움이 된답니다.

일단 어릴 때 아름답게 걷는 자세의 기초를 다져놓으면, 어른이 되어서 절대 손해 볼 일은 없어요. 자연스러우면서도 아름답게 걷는 여성은 누가 보아도 멋지니까요! 그만큼 아이의 미인 지수가 상승하는 거지요.

딸애는 어릴 때부터 제가 모델 활동을 하는 것을 보고 자랐기 때문인지 종종 제 흉내를 내곤 했어요. 원래 아이들은 엄마 흉내를 내면서 노는 걸 좋아하잖아요. 그러니까 가능하면 엄마가 먼저 아름답게 걷는 방법을 터득한 다음에 아이에게 가르쳐주는 것이 제일 효과가 좋을 거라고 생각합니다.

Lesson 11

엄마와 함께 아름답게 걷는 방법을 배우자!

워킹으로 미인 지수를 UP시킵시다!

걷는 자세만으로도 미인 지수를 상승시킬 수 있어요. 핵심은 최대한 무릎을 굽히지 않고 발뒤꿈치부터 지면에 닿을 것! 그리고 몸의 중심을 이동할 때는 물이 흐르듯이 부드럽게 움직여야 한다는 것을 의식해야 합니다.

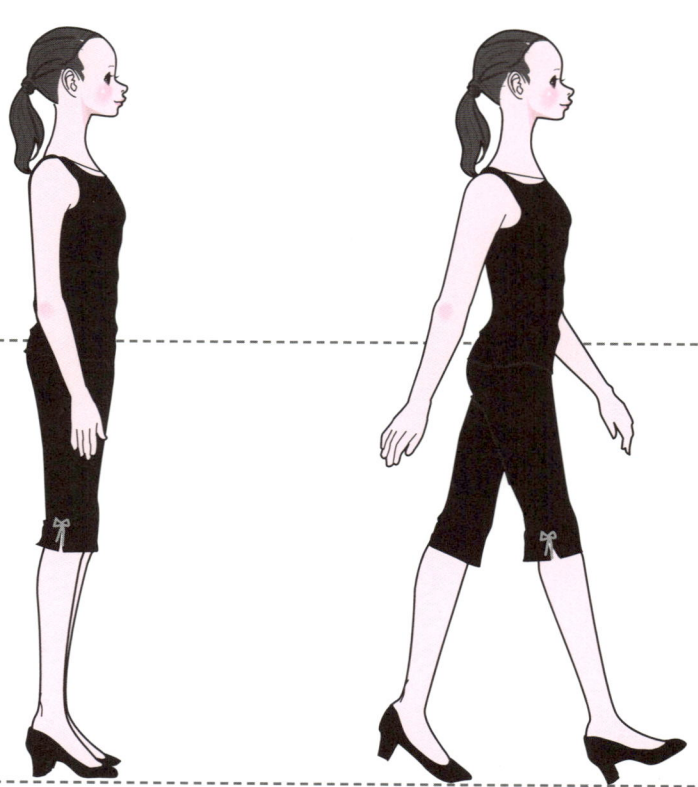

1 정면을 보고 똑바로 서기

양쪽 발뒤꿈치를 모으고, 발끝은 살짝 벌리고 서세요. 복근에 힘을 주고 등을 곧게 펴는 것도 잊지 마세요. 양팔은 몸의 라인을 따라 가볍게 늘어뜨립니다. 턱을 당기면서 시선은 정면을 향하세요.

2 무릎을 굽히지 않고 발뒤꿈치부터 착지

다리가 시작하는 부분부터 내딛는 듯한 느낌으로 걷습니다. 가능한 한 무릎을 굽히지 않으면서 발뒤꿈치부터 지면에 닿도록 하는 것이 핵심이에요. 이때 팔은 자연스럽게 흔듭니다.

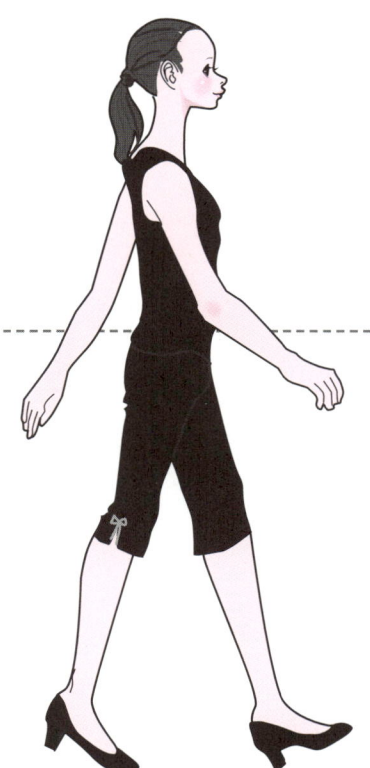

3 몸의 중심을 부드럽게 이동

착지할 때에는 다리를 앞으로 내딛으면서 발뒤
꿈치에서 발끝 순으로 체중을 이동시킵니다. 뒤
에 있는 발은 뒤꿈치를 살짝 들어주세요. 허리
의 위치가 위아래로 흔들리지 않도록 주의하며
부드럽게 몸의 중심을 이동하세요. 이 과정에서
무릎을 굽히지 않는 것이 중요합니다.

4 다시 또 한 걸음을 내딛기

3에서 뒤에 있던 발을 가능한 한 무릎을 굽히지
않고 앞으로 내딛습니다. 착지할 때에는 2와 마
찬가지로 발뒤꿈치부터. 선 위를 걷는다고 상상
하면서 연습하면 걷는 자세가 아름다워집니다.

12

각선미의 비결은

끈 달린
가죽 구두

아이가 유치원에 다닐 때 신었던 구두는 아이 할아버지에게 선물로 받은 끈 달린 가죽 구두였어요. 나중에야 안 사실이지만, 이 가죽 구두가 아이의 발에 매우 좋다고 합니다.

아이의 발은 아직 다 자라지 않아서 말랑말랑한 상태이니까 신발의 영향을 받기 쉽겠지요. 발에 꼭 맞고, 끈으로 사이즈를 조절할 수 있는 가죽 구두는 발이 너무 끼거나 헐렁거리지 않아서 좋습니다. 또 발뒤꿈치가 빠지지 않도록 확실하게 감싸주니까요. 바로 이런 점에서 끈이 달린 가죽 구두가 아이의 발을 예쁘고 건강하게 자라게 하는 데에 좋다는 겁니다.

즉, 아이가 어릴 때부터 신는 신발이 발을 예쁘게 만드는 과정에서 아주 중요한 역할을 담당하고 있답니다. 결국, 다리가 곧게 뻗고 아름답게 자라려면 다리를 지탱하는 발, 그리고 그 발을 책임지는 좋은 신발을 고르는 것이 중요하다고 할 수 있겠네요.

한 가지 더, 발바닥에 자극을 주면 건강해진다는 이야기는 다들 알고 계실 거예요. 제 아이는 어렸을 때 고향인 오키나와의 해변에서 맨발로 뛰어노는 것이 일상이었답니다. 그리고 지금 아주 멋진 각선미를 자랑하고 있지요. 그래서 저는 발바닥에 자극을 주는 것도 아름다운 다리를 갖는 데에 도움이 된다고 생각합니다.

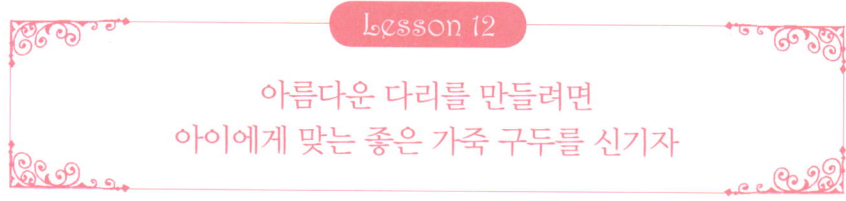

Lesson 12

아름다운 다리를 만들려면
아이에게 맞는 좋은 가죽 구두를 신기자

13

곧게 뻗은 다리를 만드는

'0자 다리
방지 운동'

평소에 아이가 자주 신는 구두 밑창을 한번 살펴보세요. 혹시 바깥쪽이 더 닳아 있지는 않나요? 아이가 똑바로 섰을 때의 자세는 어떤가요? 양 무릎이 반듯하게 붙어 있나요? 서 있을 때 다리 사이에 공간이 생겼다면 O자 다리가 될 가능성이 있으니 주의하셔야 합니다. 그러나 지금부터라도 확실히 관리하면 O자 다리를 예방할 수 있답니다.

지금부터 알려드릴 것은 허벅지 안쪽 근육을 발달시켜서 O자 다리를 방지하는 운동이에요. 다른 준비물 없이 벽을 이용해서 쉽게 할 수 있는 운동이니까, 매일 3~5번 정도 꾸준히 해주세요. 처음에는 익숙지 않아서 힘들겠지만, 점점 허벅지 안쪽 근육이 발달하면 나중에는 수월하게 느껴집니다.

다리 라인은 생활 속의 작은 습관으로도 쉽게 바뀔 수 있습니다. 저는 '아이가 무릎을 꿇고 앉으면 다리에 좋지 않을 거야'라고 생각해왔기 때문에, 아이가 최대한 무릎을 꿇지 않도록 신경 썼어요. 그리고 매일 거르지 않고 '각선미를 만드는 마사지'를 해주었지요. 이런 작은 생활 습관이 하나하나 쌓여서 각선미가 탄생하는 것이 아닐까요?

Lesson 13

각선미를 만드는 마사지와 O자 다리 방지 운동을 병행해서 다리 미인이 되자

♀ O자 다리 방지 운동

O자 다리를 예방하고 쭉 뻗은 다리로 가꾸는 운동을 알려드릴게요. 아이들도 벽을 이용해서 간단히 할 수 있으니 어렵지 않습니다.

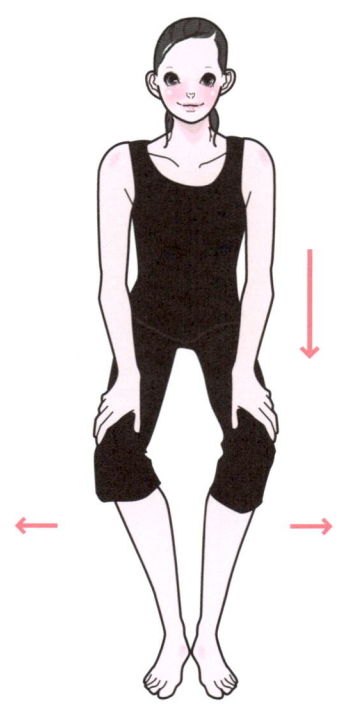

1 벽에 등을 대고 서기

우선 벽에 등을 대고 섭니다. 양 발뒤꿈치를 모으고 벽에 엉덩이, 등, 후두부를 붙이세요. 시선은 정면을 보면서 턱을 당기고 복근에 힘을 줍시다. 양팔은 편하게 늘어뜨리세요.

2 무릎을 옆으로 벌리면서 굽히기

양 무릎을 옆으로 벌리면서 천천히 굽히세요. 시선과 상반신을 그대로 유지한 채로 무릎을 벌리는 것이 핵심입니다.

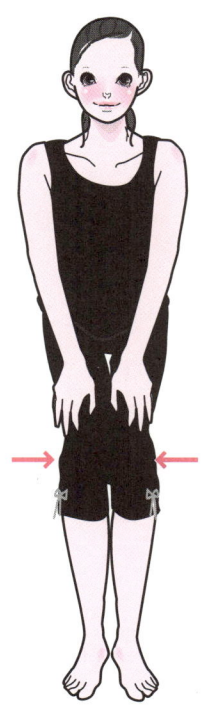

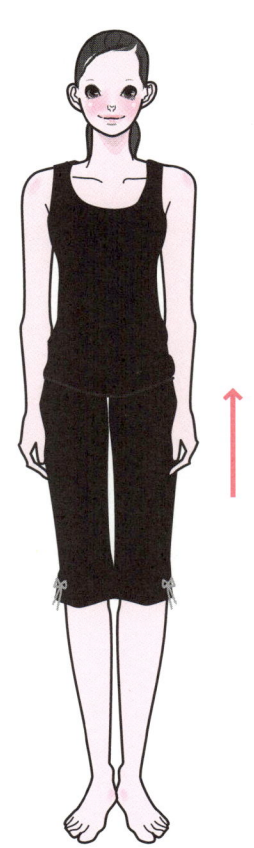

3 천천히 무릎을 모으기

양 무릎을 천천히 모으고, 두 손을 무릎 위에 올리세요. 이때 허벅지가 부들부들 떨리는데, 운동이 효과가 있다는 증거이니 걱정하지 않으셔도 괜찮습니다.

4 상반신은 그대로 두고 무릎 펴기

이제 상반신은 그대로 두고 무릎을 펴세요. 몸이 앞으로 기울지 않도록 주의하셔야 합니다. 1~4의 동작을 5회 정도 반복하세요. 이 운동을 꾸준히 하다 보면 1에서 무릎이 딱 붙지 않았던 아이도 조금씩 자세 교정이 될 거예요.

14

뒷모습도 아름답게!

'발레리나처럼
힙업 운동'

앞모습뿐만 아니라 뒷모습도 미인 지수를 끌어올리는 중요한 부분이지요. 그중에서도 아름다운 뒷모습의 필수 조건은 바로 탄력 있게 올라간 엉덩이겠지요.

탄력 있게 올라간 엉덩이는 하루아침에 이루어지는 것이 아니랍니다. 그러니까 아이 때부터 열심히 힙업 운동을 시켜서 힙업에 필요한 근육을 단련해놓으면, 어른이 되어서도 근사한 엉덩이 라인을 유지할 수 있어요. 저도 어릴 때부터 힙업 운동을 열심히 했기 때문에 아이를 낳고 50대가 된 지금도 탱탱한 엉덩이 라인을 유지하고 있답니다.

이 책에서는 수많은 힙업 운동 중에서 엄선하여 제가 딸에게 직접 가르쳤던 운동법을 소개할게요. 아이가 발레리나가 된 느낌으로 즐겁게 할 수 있는 운동이에요.

처음에는 몸의 균형을 잃고 넘어지기 쉬우니 엄마가 옆에서 잘 잡아주셔야 합니다. 엄마와 아이가 서로 잡아주면서 아름다운 엉덩이 라인을 만들어봅시다.

Lesson 14

허리와 엉덩이의 근육을 긴장시켜서
탄력 있게 올라간 엉덩이 라인을 만들자!

발레리나가 된 느낌으로 힙업 운동

'뒷모습도 아름답게!'를 목표로 허리와 엉덩이의 근육, 복근과 등 근육을 단련시키는 운동이에요. 몸의 균형 감각도 키울 수 있답니다.

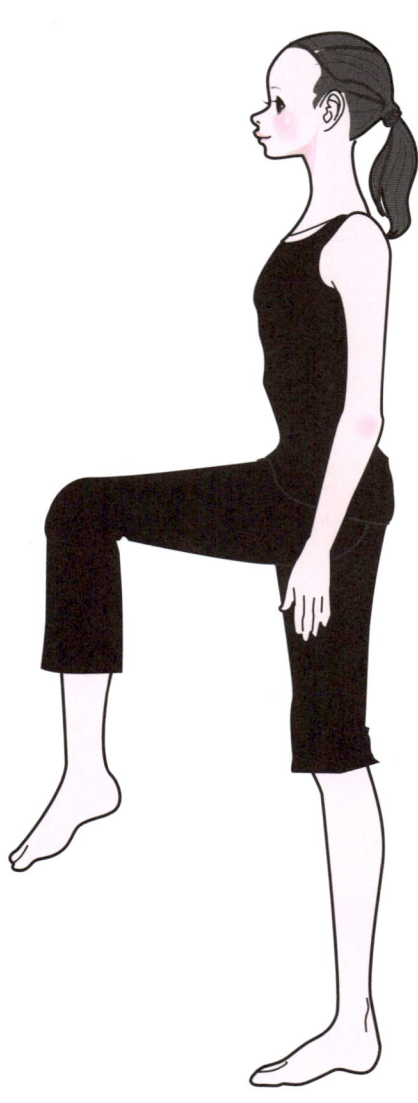

1 한쪽 다리를 앞에 놓기

등을 쭉 펴고 똑바로 서세요(P42~45 의 서 있는 자세를 참조). 한쪽 다리를 앞에 놓고, 무릎이 허리 높이까지 오도 록 90° 각도로 올립니다. 허벅지에는 힘을 주고 무릎 아래로는 힘을 빼세요.

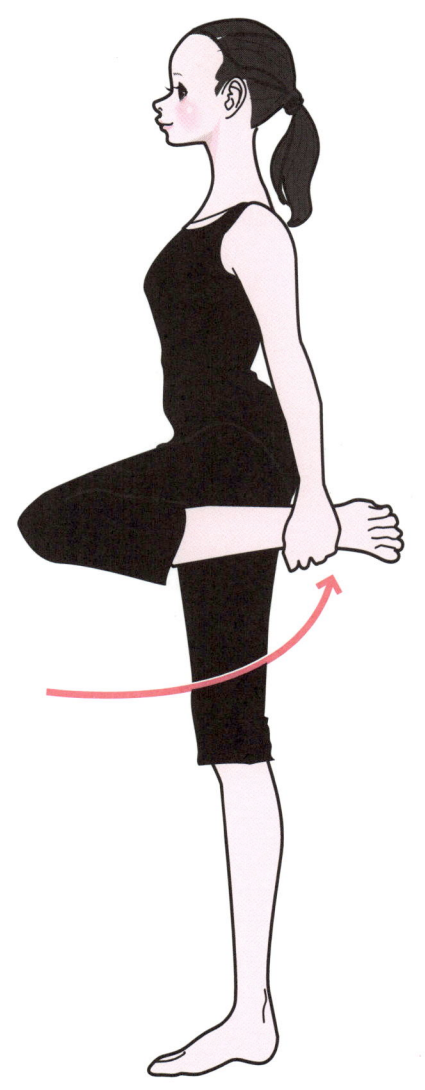

2 발목을 잡고 무릎을 옆으로 돌리세요

앞으로 올린 발목을 같은 쪽 손으로 잡고 무릎을 옆으로 돌리세요. 무릎이 내려가지 않도록 주의하세요. 종아리 부분을 바닥과 평행하게 만든다고 생각하시면 됩니다.

3 다리를 뒤로 쭉 올려서 멈추기! 이때 엄마가 잡아준다

발목을 잡고 있지 않은 손을 앞으로 내밀면서, 2에서 잡은 발목을 뒤로 뻗으세요. 상반신과 허벅지가 바닥과 평행해지도록 의식하면서 복근과 엉덩이 근육에 힘을 줍니다. 그대로 3~5초간 멈추세요! 처음에는 마구 비틀거리게 되니 엄마가 잘 잡아주셔야 합니다. 좌우 번갈아서 3~5회 정도 반복하세요.

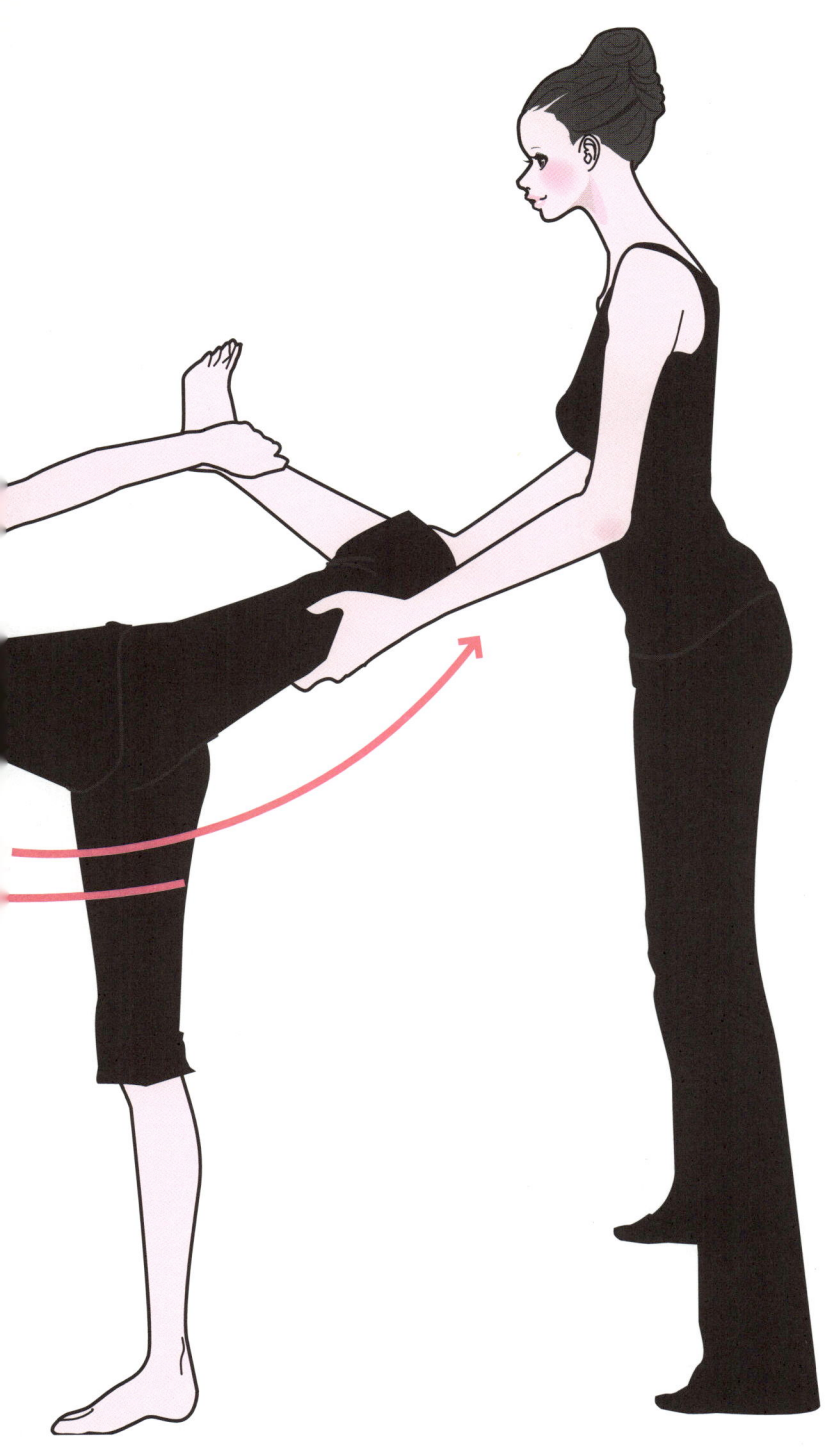

15

삐딱한 자세를 방지하기 위한

'뒹굴뒹굴 &
벽 스트레칭'

아이가 서 있는 자세(P42 참조)를 다시 한 번 확인해보세요. 양쪽 어깨가 평행하지 않거나 한쪽 다리가 휘지는 않았나요? 만약 그렇다면 자세가 삐딱하게 휜 것이 원인일 수 있어요.

자세가 삐딱한 사람을 미인이라고 말하기는 어렵지요. 삐딱한 자세는 보기에도 좋지 않을뿐더러, 아름답게 서 있거나 걷는 것도 불가능합니다. 삐딱한 자세를 방지하려면 골반의 위치를 교정해야 합니다. 골반은 몸의 중심을 잡아주는 중요한 역할을 하니까요.

그래서 다음 장에 아이들도 간단하게 할 수 있는 스트레칭을 소개했습니다. 누운 자세로 무릎을 세우는 '뒹굴뒹굴 스트레칭'과 벽을 이용해서 언제나 간단하게 할 수 있는 '벽을 이용한 스트레칭'의 2가지 방법이에요. 낮에는 벽을 이용해서, 그리고 밤에는 누워서…… 언제 어디서나 스트레칭을 생활화합시다!

이 스트레칭을 매일 열심히 하면 삐딱한 자세를 예방할 수 있어요. 엄마도 함께하면서 그 효과를 직접 느껴보세요!

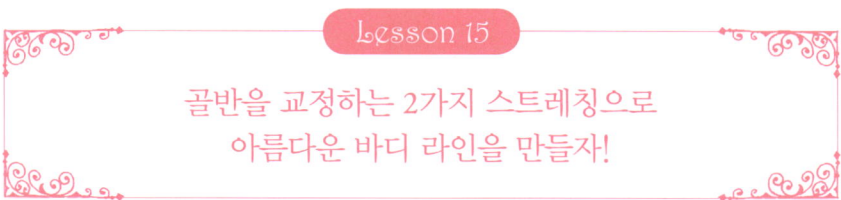

Lesson 15

골반을 교정하는 2가지 스트레칭으로
아름다운 바디 라인을 만들자!

뒹굴뒹굴 & 벽을
이용한 스트레칭

생활 습관이 바르지 못하면 자세가 삐딱해집니다. 자세가 굳어지기 전에
골반의 위치를 교정하는 스트레칭을 합시다!

양 무릎을 모아서 좌우로 눕히는 '뒹굴뒹굴 스트레칭'
누워서 위를 향한 자세로 양 무릎을 세우세요. 양팔은 자연
스럽게 바닥에 붙입니다.
① 양 무릎을 붙인 상태에서 한쪽 바닥으로 천천히 눕히세
요. 3초간 정지했다가 천천히 원위치로 되돌립니다.
② 반대쪽도 같은 방법으로 하세요. 좌우 1세트로 10회 정도
실시합니다.

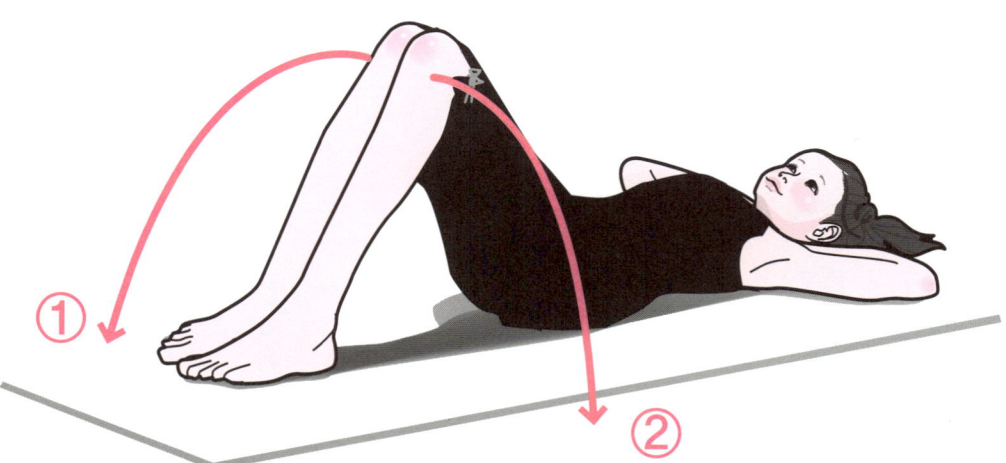

몸을 비틀어 벽에 양손을 붙이는 '벽을 이용한 스트레칭'

① 등을 벽에 대고 한 발짝 앞으로 나오세요. 등을 뻗고 발을 살짝 벌리고 섭니다. 허리의 방향을 최대한 유지하면서 상체를 뒤로 비트세요.

② 상체를 뒤로 비틀어 벽에 양손을 붙입니다. 이때 발이 움직이지 않고 무릎을 굽히지 않도록 주의하세요.

반대쪽도 같은 방법으로 하세요. 좌우 1세트로 10회 정도 실시합니다.

16

엄마가 가르쳐주는

'목욕과 함께하는
피부 관리'

목욕하는 시간은 엄마와 딸이 함께 미인이 될 수 있는 특별한 시간이랍니다. 함께 목욕하면서 엄마는 아이에게 마사지하는 모습을 보여주세요. 아이는 그런 엄마를 보면서 아름다워지기 위한 비결과 그 속에 숨은 노력을 무의식중에 깨닫게 되고, 자신도 아름다워지기 위해 엄마의 모습을 따라 하게 됩니다.

저는 미네랄이 풍부한 파우더 솔트를 사용하는 '각질 제거'를 추천합니다. 오키나와의 파우더 솔트는 입자가 곱고 부드러워서 피부에 직접 사용해도 괜찮아요. 특히 거칠거칠한 부분을 파우더 솔트로 각질 제거해주면, 몸속에 남아 있던 수분이 배출돼 붓기를 예방하고 지방의 연소에도 도움이 된답니다.

하나 더 추천하는 것은 '반신욕'이에요. 반신욕은 몸속부터 따뜻하게 해서 신진대사를 활발하게 하고 땀을 배출하도록 도와주기 때문에 매끈매끈한 피부를 만들 수 있어요. 엄마와 아이가 사이좋게 20분 정도 탕에 몸을 담그고 있으면 됩니다. 아이가 좋아하는 장난감을 가지고 놀아주다 보면 시간이 금방 지나갈 거예요.

딸아이가 좋아했던 장난감은 물에 둥실둥실 떠다니는 오리 인형이었어요. 때로는 입욕제를 사용해서 거품 목욕을 즐기는 것도 재미있겠지요. 아이도 목욕에 대해서 즐거운 추억을 가질 수 있을 거예요.

> **Lesson 16**
>
> 파우더 솔트를 사용한 '각질 제거' & '반신욕'으로
> 엄마와 아이가 함께 아름다움을 가꾸자

목욕과 함께하는 피부 관리

지방의 연소를 도와주는 각질 제거와 20분 정도 탕에 몸을 담그기만 하면 되는 반신욕. 목욕하는 시간은 아름다워지는 마법의 시간이랍니다.

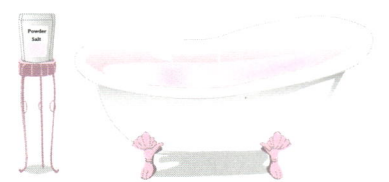

파우더 솔트는 입욕제로 사용해도 좋아요. 혈액 순환을 촉진하여 땀을 배출하는 데에도 도움이 됩니다.

엄마는 '각질 제거'

아이가 몸을 씻는 동안 엄마는 각질 제거를 합시다! 오키나와의 파우더 솔트는 입자가 곱고 부드러워서 피부에 직접 사용해도 좋아요. 손바닥에 파우더 솔트를 놓고, 각질이 많은 부분을 문질러줍니다. 마사지가 끝나면 몸에 남아 있는 파우더 솔트를 씻어냅니다.

팔

심장에서 먼 손목부터 어깨까지 안쪽으로 비틀 듯이 주물러주세요. 5~10회 정도 반복합니다.

복부

파우더 솔트를 크게 1스푼 정도 손에 덜어내 배 전체에 바르세요. 손바닥으로 옆구리 살을 가운데로 모아주듯이 좌우 번갈아 마사지하세요. 10회 정도 반복합니다.

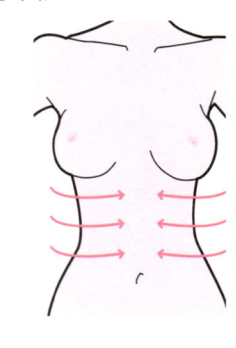

다리

발목부터 종아리와 허벅지까지, 안쪽으로 비틀 듯이 주물러주세요. 5~10회 정도 반복합니다.

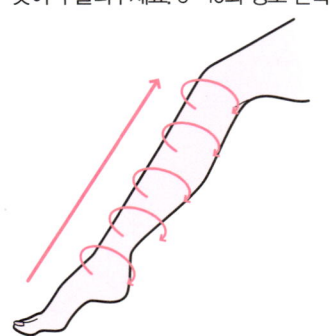

반신욕을 할 때에는 파우더 솔트를 넣지 않은 깨끗한 물을 준비하세요.

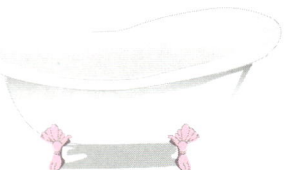

엄마와 아이가 함께하는 '반신욕'

각질 제거를 끝낸 엄마는 몸에 남아 있는 파우더 솔트를 씻어낸 뒤에 반신욕을 하세요.

약 38~39℃의 약간 미지근한 물로 엄마의 배꼽이 잠길 정도의 높이가 좋아요. 여기에 20분 정도 몸을 담그고 있습니다. 그동안 아이가 가만히 있지 못하고 움직여도 괜찮아요. 아이가 지루함을 느끼지 않도록 엄마가 사이좋게 대화하거나 놀아주면 더 좋겠지요.

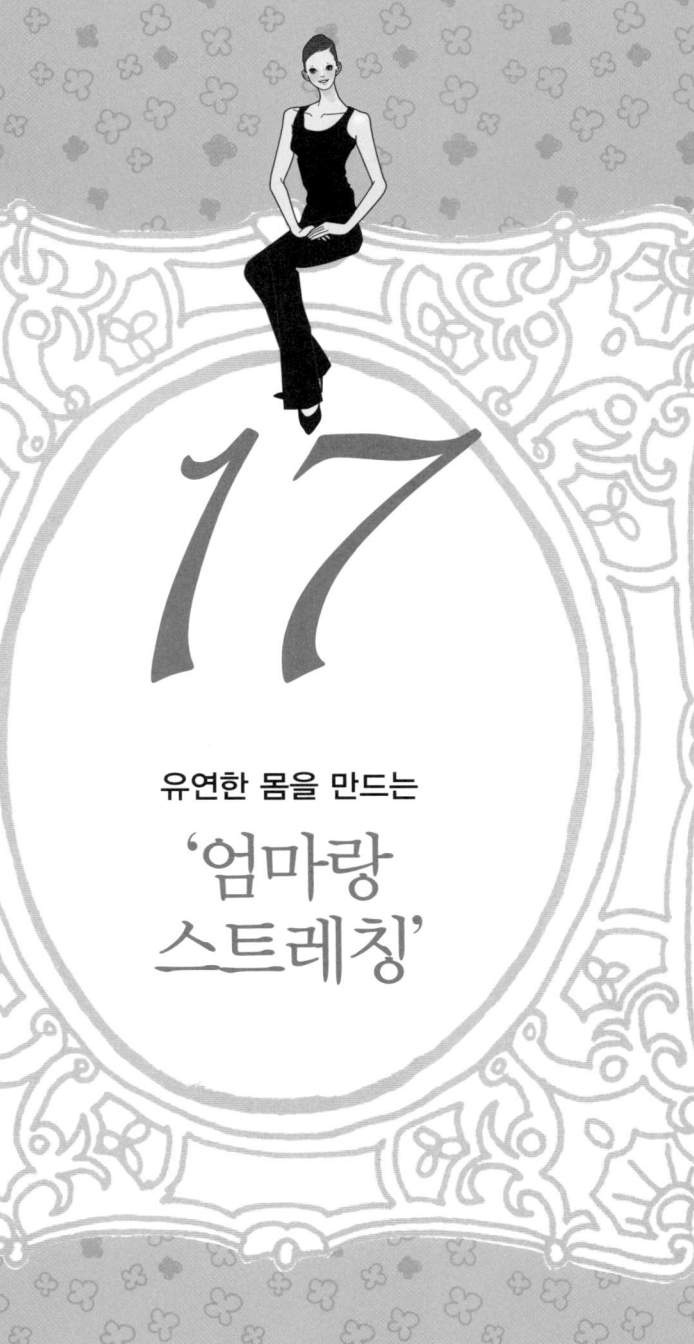

17

유연한 몸을 만드는

'엄마랑
스트레칭'

아름다운 자세와 동작은 유연한 몸에서 만들어지는 것입니다. 그러니 걷는 자세나 서 있는 자세를 익히기 전에 유연성을 길러야 하겠지요. 예를 들어 다리를 벌리고 몸을 앞으로 숙이는 스트레칭은 아직 몸이 굳지 않은 아이가 쉽게 할 수 있기 때문에 어릴 때 자주 해주는 것이 좋습니다.

엄마와 아이가 함께할 수 있는 스트레칭을 소개하겠습니다. 혼자 하는 것은 힘들더라도, 엄마와 함께하면 즐겁게 할 수 있을 테니까요. 스트레칭은 목욕을 막 끝낸 후에 몸의 근육이 이완되었을 때 하는 것이 제일 좋아요. 처음에는 몸이 생각처럼 움직여지지 않겠지만 금방 적응될 테니 걱정하지 마세요. 이 스트레칭을 계속하면 다리를 넓게 벌릴 수 있게 되어서 춤을 추거나 운동을 할 때에도 도움이 된답니다.

또 몸이 유연한 아이는 몸의 균형이 살짝 무너져도 심하게 넘어지지 않고, 위험한 순간에도 장해물을 잘 피할 수 있어요. 그러니까 몸의 유연성을 키우면 쉽게 넘어지거나 다치지 않게 되는 것이지요.

Lesson 17

스트레칭으로 유연성을 키우면
아이의 자세와 동작이 아름다워진다

유연한 몸을 만드는 '엄마랑 스트레칭'

몸의 유연성을 키우기 위해서 엄마와 아이가 함께하는 스트레칭을 소개합니다.

혼자 하는 것은 힘들더라도, 엄마와 함께하면 즐겁게 할 수 있어요.

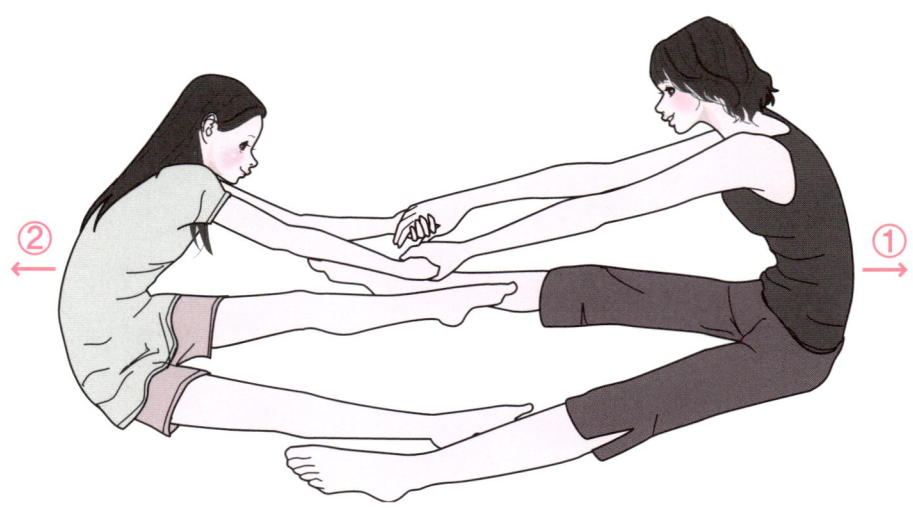

손을 잡고 몸을 앞으로 숙이기

엄마와 아이가 마주 보고 다리를 벌려서 앉습니다. 그대로 서로 손을 잡으세요.

① 엄마가 앉은 쪽으로 아이의 손을 천천히 당겨주세요. 그 자세로 3초간 정지했다가 원위치로 되돌립니다.

② 다음에는 아이가 엄마의 손을 당겨서 3초간 정지했다가 원위치로 되돌립니다. 처음에는 힘들지 않을 정도로 당겨주세요. 여러 번 해서 익숙해졌다면 두 사람이 앉은 거리를 조금씩 떨어뜨리도록 합시다. 서로 번갈아서 10회 정도 실시합니다.

※ 손이 당겨지면 숨을 내쉬면서 몸을 숙이도록 하세요. 그러면 스트레칭 효과가 한층 더 상승한답니다.

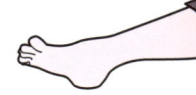

손을 잡고 옆으로 당기기

엄마와 아이가 손이 닿는 거리만큼 떨어져서 옆으로 나란
히 앉습니다. 서로 부딪히지 않을 정도로 양다리를 살짝
벌리세요. 등을 쭉 펴고 서로 손을 잡습니다.

① 엄마가 앉은 쪽으로 아이의 손을 천천히 당겨주세요.
그 자세로 3초간 정지했다가 원위치로 되돌립니다.

② 다음에는 아이가 엄마의 손을 당겨서 3초간 정지했다
가 원위치로 되돌립니다.

서로 번갈아서 10회 정도 실시합니다.

※ 손이 당겨지면 숨을 내쉬면서 몸을 숙이도록 하세요.
그러면 스트레칭 효과가 한층 더 상승한답니다.

18

오후 10시에는 반드시 취침합시다

미인이 되는
황금시간대

여성에게는 누구나 아름다움을 끌어내는 '황금시간대'가 있답니다. 바로 오후 10시부터 오전 2시까지, 약 4시간 정도가 황금시간대예요. 이 시간대는 여성이 아름다워지는 골든타임이라고도 하는데, 바로 여성 호르몬이 가장 활발하게 분비되는 시간대이기 때문이랍니다.

여성 호르몬은 매끈한 피부와 탄력 있는 바디 라인을 만들어주고 성장을 돕는 호르몬 중 하나이기도 하지요. 즉 골든타임은 아이가 성장하는 데에도 중요한 역할을 해요.

저는 아이가 어렸을 때 일찍 자고 일찍 일어나는 습관을 지니도록 했어요. 특히 성장기 때에는 더 일찍 자라고 잔소리를 했지요.

충분한 수면은 아이의 성장에 도움이 되니 밤 10시 전에는 아이를 꼭 재우도록 합시다. 물론 늦게 자거나 밤을 새우는 것은 금물입니다! 미인은 잠꾸러기라는 말도 있잖아요.

Lesson18

골든타임인 오후 10시부터 오전 2시에 자는 것이
미와 성장의 비결이다

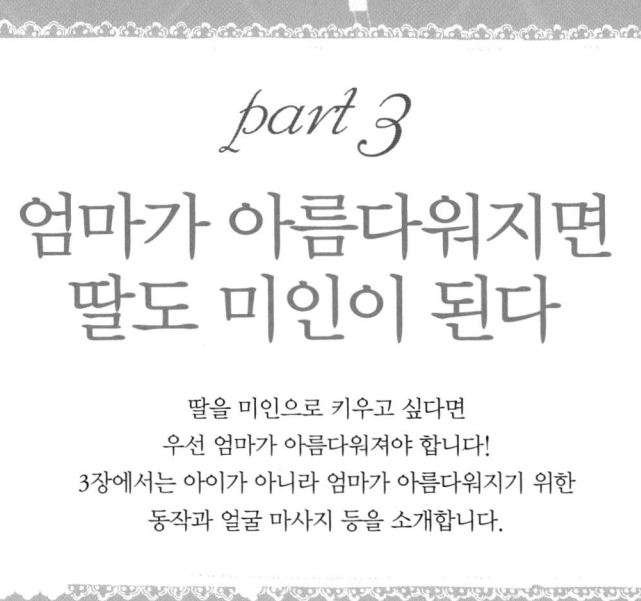

part 3
엄마가 아름다워지면
딸도 미인이 된다

딸을 미인으로 키우고 싶다면
우선 엄마가 아름다워져야 합니다!
3장에서는 아이가 아니라 엄마가 아름다워지기 위한
동작과 얼굴 마사지 등을 소개합니다.

19

항상 주위의 시선을

의식하며
긴장하세요

'요즘 팔뚝 살이 늘어지는 것이 신경 쓰여.'

그렇다면 오히려 민소매 옷을 입으세요.

'다리가 굵어진 것 같아.'

그렇다면 바지나 롱스커트가 아니라 미니스커트를 입으세요.

'예전엔 잘록했던 허리가 통짜가 되었네.'

그렇다면 바디 라인이 드러나는 옷을 입으세요. 평소에 몸에 딱 맞는 옷을 입으면 자신의 체형 변화에도 민감해지겠지요.

자신 없는 부분이 드러나는 옷을 입으면 주위의 시선을 의식하기 때문에 긴장감이 생깁니다. 그러면 자기도 모르게 몸이 긴장하게 돼 관리하거나 운동을 할 때에도 좀 더 열심히 하게 되지요.

그리고 신경 쓰이는 부분이 점차 개선될수록 자신감이 붙습니다. 자신감 있는 모습은 아름다운 법이지요. 그래서 아름다움을 유지하기 위해서는 항상 주위의 시선을 의식하는 긴장감을 갖는 것이 중요해요.

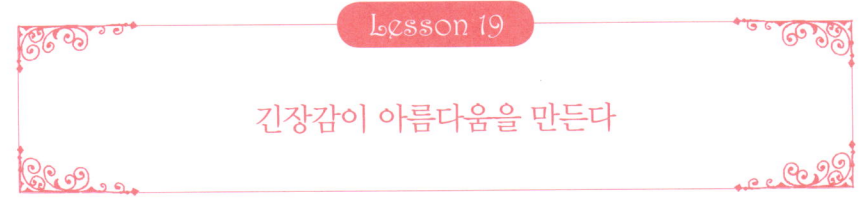

Lesson 19

긴장감이 아름다움을 만든다

20

얼굴 마사지로

작은 얼굴
만들기

마사지로 하루의 피로를 풀어주고, 얼굴 부기의 원인이 되는 림프액의 순환을 촉진하여 노폐물을 제거합시다.

마사지를 계속하면 피부가 반짝반짝 빛나고 처진 피부도 예방할 수 있어요. 그뿐만 아니라 얼굴선이 정돈되어 얼굴이 작아지고 동안이 된답니다.

아이와 함께 반신욕하면서 얼굴 마사지 하는 것을 추천합니다. 아이가 장난감을 가지고 놀 때 엄마는 얼굴 마사지를 하는 거죠. 아니면 잠들기 전에 해도 좋습니다.

아이에게 얼굴 마사지를 하는 모습을 보여주면서 따라 하게 하세요. 아이는 마사지도 놀이라고 생각하고 재미있어 할 거예요. 제 딸은 조숙한 아이였기 때문에 곧잘 저를 따라 하곤 했지요. 아무튼, 아이가 엄마의 모습을 따라 하면서 마사지하는 방법을 몸에 익히게 되면, 아름다움의 밑거름이 되어 나중에 무척 도움이 된답니다.

Lesson 20

엄마가 마사지하는 모습을 먼저 보여주고
아이가 따라 하게 하자!

얼굴 마사지로
작은 얼굴 만들기

제가 매일 하는 얼굴 마사지 방법입니다. 이 마사지는 림프액의 순환을 촉진해서 얼굴의 부기를 빼고 얼굴선을 또렷하게 정돈해준답니다.

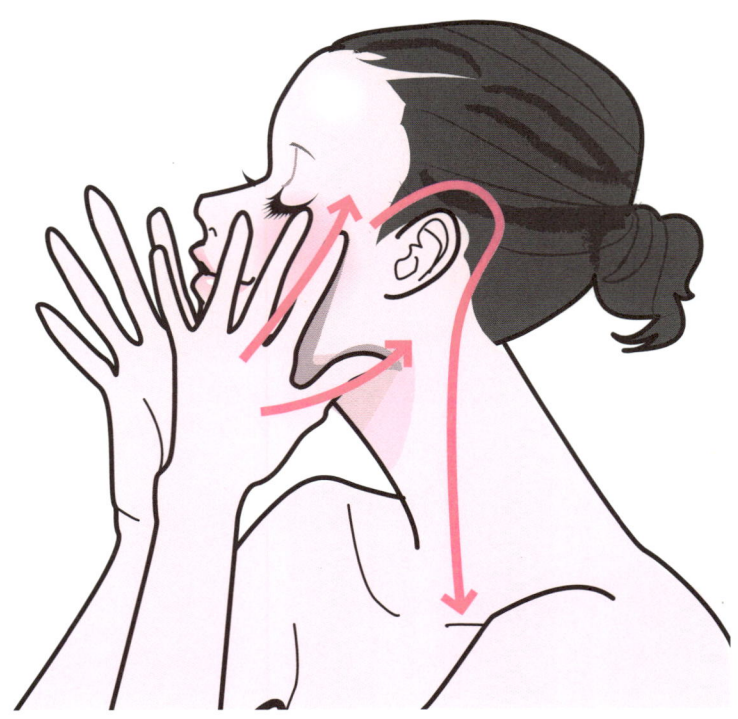

1 턱뼈 아래를 자극하며 볼살 밀어 올리기

턱뼈 아랫부분에 양쪽 엄지손가락을 대고 턱 선을 따라서 귀 아래쪽까지 마사지합니다. 이때 검지와 중지로 볼살을 밀어 올리세요. 콧방울에서 관자놀이를 향하여 끌어 올리는 느낌으로 5~10회 정도 반복합니다. 이어서 관자놀이에서 귀 뒤쪽을 지나 목덜미를 쓸어내리세요. 쇄골의 움푹 파인 부분에 림프액을 흘려보낸다고 상상하면서 손가락으로 마사지하면 됩니다.

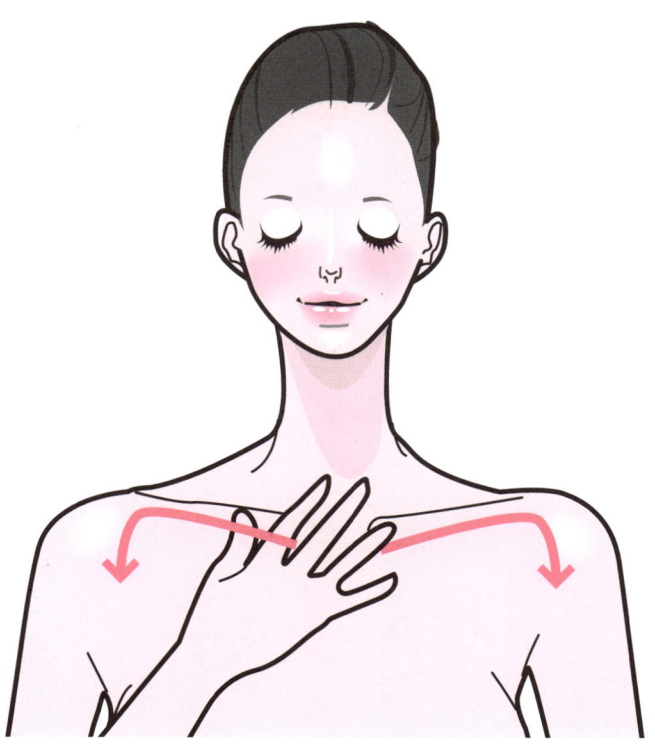

2 쇄골 아랫부분을 안쪽에서 바깥쪽으로, 흐르는 듯 마사지

쇄골의 바로 아랫부분을, 쇄골을 따라 손바닥으로 마사지하세요. 몸
의 중앙에서 림프절이 있는 겨드랑이를 향해 림프관을 따라 흐르는
듯이 마사지하는 것입니다. 이렇게 하면 림프액의 순환이 좋아져서
얼굴의 노폐물이 없어지고 목선도 아름다워진답니다. 좌우 번갈아 10
회 정도 실시합니다.

21

아름답고 날씬해 보이는

모델 포즈

허리에 손을 얹고 당당하게 서 있는 모습을 보면 패션모델이 생각나지 않으세요? 모델이 런웨이를 걸으면서 이 포즈를 취할 때가 많으니까요. '모델 포즈'라고 하면 바로 이 자세를 떠올리는 사람이 많을 거예요.

사진을 찍을 때 한 번 이 포즈를 따라 해보세요. 평소보다 날씬하고 우아하게 보일 거예요. 그리고 쇼핑할 때나 옷을 고를 때, 그 어떤 상황에서도 서 있는 자세에 신경 쓰는 것이 미인 지수를 높이는 포인트랍니다.

이 모델 포즈를 완벽하게 터득하는 비결은 바로 허리를 확실하게 비트는 것입니다. 이렇게 하면 몸에 힘이 들어가서 탄탄해지고 날씬해 보이게 됩니다.

딸아이는 어릴 때부터 제가 패션쇼에 출연하는 것을 봐왔기 때문에, 제 모델 포즈를 따라 하면서 놀았어요. 그래서인지 사진을 찍을 때에도 항상 혼자서 모델 포즈를 잡고 어른 흉내를 내서 "따님이 조숙하시네요"라는 이야기를 많이 들었지요.

Lesson 21

모델 포즈를 터득해서 엄마와 딸 모두
서 있는 모습도 아름다운 미인이 되자!

💭 아름답고 날씬해 보이는 모델 포즈

모델 포즈를 터득하는 비결은 3번째 과정에서 허리를 확실하게 비트는 것입니다. 거울 앞에 서서 연습하시면 더욱 효과가 있어요.

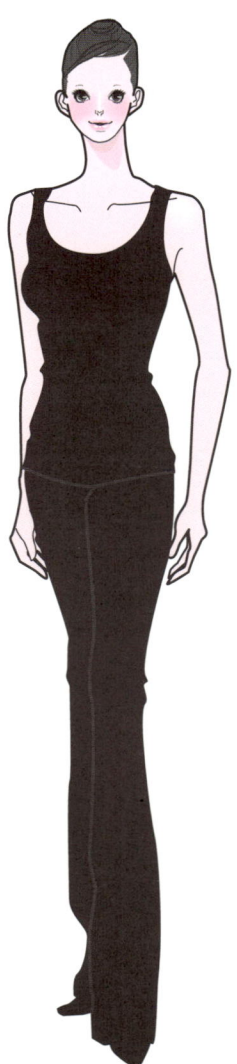

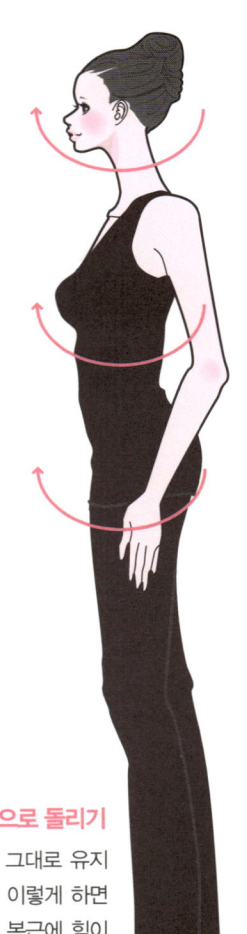

1 서 있는 자세에서 한쪽 다리를 앞으로 내놓기

우선 P42~45에서 설명한 서 있는 자세를 취하세요. 그리고 한쪽 다리와 발끝을 앞으로 내놓고 무릎을 살짝 굽히세요. 발뒤꿈치는 뒤쪽 발과 일직선상이 되도록 합니다. 뒤쪽 다리에만 체중이 치우치지 않도록 주의하세요.

2 발은 그대로, 몸은 옆으로 돌리기

양쪽 발은 움직이지 않도록 그대로 유지하고 몸을 옆으로 돌리세요. 이렇게 하면 허리 부근과 엉덩이의 근육, 복근에 힘이 들어가서 탄탄해집니다.

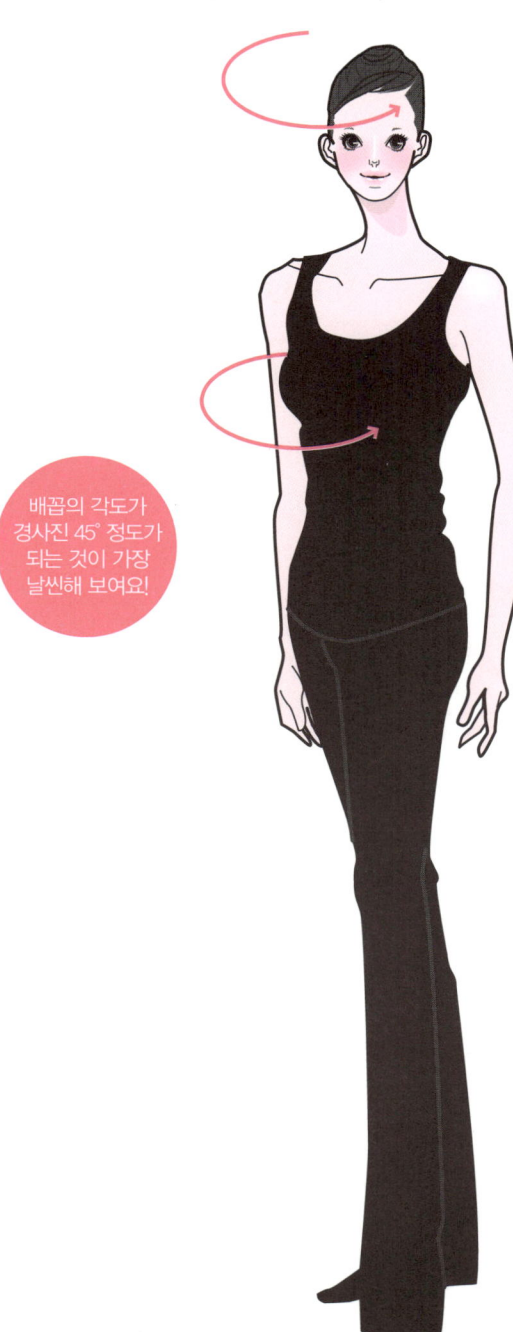

배꼽의 각도가
경사진 45° 정도가
되는 것이 가장
날씬해 보여요!

3 상반신만 비틀어 정면 향하기

2의 자세에서 허리를 비트는 느낌으
로 상반신만 정면을 향하도록 되돌립
니다. 허벅지나 엉덩이에도 긴장감이
생기고 등과 복근에도 힘이 들어가서
훨씬 탄탄하고 날씬해 보일 거예요.
또 앞을 향하는 어깨를 살짝 뒤로 빼
면 양쪽 팔이 가늘게 보인답니다. 바
로 이 자세가 '모델 포즈'랍니다.

22

엄마의 아름다움이 UP 되는

우아하게
앉는 방법

의자에 앉을 때 어떤 자세로 앉으십니까? 의자 끝에 걸터앉아서 등받이에 기댄 모습은 매우 칠칠맞은 인상을 주지요. 반대로 의자에 너무 깊숙이 앉아도 자세가 구부정해져서 보기 싫어져요.

우아하게 앉는 자세는 의자 끝에 살짝 앉아서 등을 쭉 편 자세입니다. 먼저 자신이 아름답고 우아하게 앉는 모습을 상상해본 뒤에 다음에서 설명하는 앉는 방법을 실제로 따라 해보세요. 비결을 알려드릴게요. 모델 포즈의 1번 자세(P86 참조)에서 앉으면 바로 우아하게 앉는 자세가 완성된답니다!

이 자세를 계속 유지하려면 복근과 등의 근육, 그리고 이너머슬inner muscle이라고 불리는 심층근深層筋을 단련시켜야 합니다. 그래서 하루에 10회 정도 꾸준히 복근 운동을 하는 것이 중요해요.

또 오랜 시간 다리를 꼬고 앉을 때에는 좌우 한쪽으로 균형이 치우치지 않도록 번갈아서 다리를 바꿔줘야 해요. 물론 웃어른이 계실 때 다리를 꼬고 앉는 것은 예절에 어긋나는 일이니 주의합시다.

Lesson 22

의자 끝에 살짝 앉아서 등을 쭉 펴는,
우아하게 앉는 방법으로 엄마와 딸 모두 아름다워지자!

의자 끝에 살짝 앉아서 우아하게!

모델 포즈의 1번 자세로 앉으세요.

의자 끝에 살짝 앉아서 등을 쭉 펴는 것을 잊지 마세요.

1 모델 포즈로 서기

의자의 우측으로 들어오세요. P86~87에서 알려드린 모델 포즈의 1번 자세, 즉 한쪽 다리를 앞으로 내민 자세를 취하고 의자 앞에 섭니다.

2 등을 쭉 펴고 앉기

양쪽 발은 그대로 둔 채로 등을
쭉 펴고 의자 끝에 살짝 앉으세요.
살짝 앉으려다가 잘못하면 엉덩
방아를 찧을 수도 있으니까 처음
에는 손으로 의자 끝을 잡고 앉으
세요.

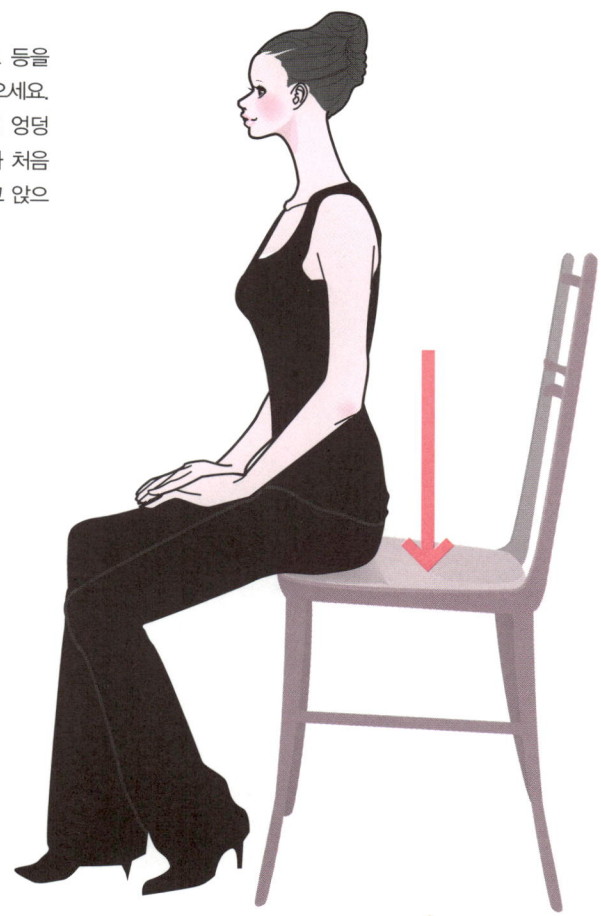

3 다리를 비스듬히 세우면 훨씬 우아한

2의 자세를 정면에서 보았을 때의 모습입니다. 몸을 구부정하게 숙
이지 않도록 주의합시다. 손은 허벅지 위에 포개놓으세요. 양쪽 무
릎을 모으고 다리를 비스듬히 세우면 훨씬 우아해 보인답니다.

4 다리를 꼬고 앉을 때에는 종아리를 평행하게

다리를 꼬고 앉을 때에는 양쪽 무릎이 위아래로 딱 맞물리는 느낌
으로 앉으세요. 종아리를 평행하게 모아서 비스듬히 세웁니다. 이때
발끝이 의자에 너무 붙어 있으면 종아리가 예쁘게 보이지 않으니까
주의하세요.

내 양육 방식의 원점은
우리 가족

엄하신 할머니와 상냥한 부모님, 귀여운 형제 · 자매들.
생각해보니 저를 키워준 가정이
바로 제 양육 방식의 원점이었습니다.

훈육에는 매우 엄했던 할머니

고등학교 졸업 전까지 제 통금 시간은 오후 4시였습니다. 너무 이르지 않으냐고 하시겠지만 저희 집에서는 당연한 것이었답니다. 왜냐하면 할머니가 매우 엄하셔서 평소에도 예의범절 교육을 마구 주입하셨기 때문이지요.

저는 오키나와에서 태어나고 자랐는데, 아버지가 미군 기지에서 근무하셔서 그런지 생활 속에 미국 문화가 자연스럽게 녹아 있었어요. 부모님은 저를 국제 학교에 보내고 싶어 했지만, 할머니의 반대로 일반 학교에 다니게 되었답니다. 할머니는 제가 국제 학교가 아닌 평범한 학교에 진학해서 일본인다운 소양을 몸에 익혔으면 좋겠다고 생각하셨던 게지요.

저는 할머니를 아주 사랑했습니다. 평소에는 엄하시지만, 할머니도 저를 사랑하신다는 것을 느낄 수 있었거든요. 그리고 저는 고등학교 때까지

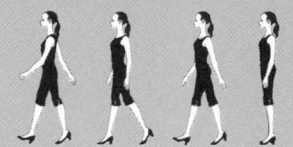

상하 규율이 엄격한 육상부에서 활동했기 때문에 할머니를 그렇게 엄하다고 생각하거나 불만스럽게 느끼지 않았던 것 같아요.

운동을 좋아하는 체질을 닮아서인지 딸아이 역시 몸 움직이는 것을 무척 좋아한답니다! 그래서 연기 학원에서 댄스 레슨을 받을 때에는 밤낮없이 몰두했을 정도였지요.

만날 수 없는 그리움을 달랬던 아버지와의 교환일기

저희 부모님은 굉장히 상냥하셨기 때문에 저는 반항기를 전혀 겪지 않았어요. 그것도 유전이라 할 수 있어서인지, 제 아이들도 반항기가 전혀 없었지요.

아버지는 미군 기지 내의 소방서장으로 근무하시느라 이틀에 한 번꼴로밖에 만날 수 없었어요. 그 그리움을 달래준 것이 바로 아버지와의 교환일기였어요. 어쩌면 제가 반항기를 겪지 않았던 것도 다 이 교환일기로 서로의 마음을 주고받았기 때문일지도 모르겠습니다.

지금도 기억에 남아 있는 것은 동생과 한바탕 싸운 뒤 제가 '더는 언니하기 싫어요'라고 썼을 때의 일입니다.

'아빠는 외아들이라 형제끼리 싸울 수 있다는 게 얼마나 감사한 일인지 느낄 수 있단다. 너희는 형제가 많으니까 서로 싸울 수 있는 멋진 기회가 주어졌잖니……'라는 아빠의 답장이 지금도 잊혀지지 않아요.

그때의 추억을 떠올리면서 저도 딸애와 교환일기를 썼지요. 직접 말하려면 부끄러워서 어려워도 글로 쓰면 마음을 쉽게 전할 수 있으니까요.

예를 들어 아이가 오디션에서 떨어졌을 때에는 아무리 말로 위로해줘도 역효과만 불러일으키지요. 그럴 때 교환일기에 '이번에는 광고주가 원한 이미지에 맞지 않았을 뿐이지 네 실력이 모자라서 떨어졌던 게 아니야'라고 되도록 냉정하게 충고와 응원의 글을 적어주었습니다.

이 교환일기는 초등학교 4학년부터 중학교 2학년 때 가족과 떨어져서 생활할 때까지 계속했어요. 저는 아이와의 마지막 교환일기에 '아무리 네가 어린아이라고 해도 일할 때에는 어른과 똑같은 대우를 받는단다. 늘 그것을 명심하고 열심히 해야 한다'라고 적었지요.

딸애가 반항기를 겪지 않았던 것은 어쩌면 중학교 2학년 때 오키나와에서 도쿄로 떠났던 게 원인일지도 모릅니다. 반항기를 채 겪기도 전에 부모 품에서 벗어났으니 반항심보다 오히려 그리움이 더 강했던 것이겠지요.

미스 도쿄 시절의 첫 워킹 레슨

저는 고난興南 고등학교를 졸업한 뒤 스튜어디스를 목표로 도쿄의 전문대

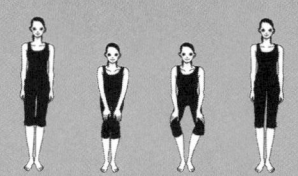

로 진학했습니다. 그런데 필수 과목 중에 '미스 도쿄 콘테스트'에 출전해야 하는 수업이 있었어요.

이때 처음으로 워킹과 메이크업, 웃는 얼굴을 만드는 레슨을 받았지요. 고등학교 때까지는 오로지 육상과 운동에 전념했었기에 레슨 시에 굉장히 악전고투했습니다. '웃으세요!'라는 소리를 듣고 바로 웃는 표정을 지어야 하다니……. 항상 선생님께 혼나곤 했지만, 오히려 승부 근성에 불이 붙게 한 원동력이 된 셈이지요. 그리고 열심히 노력한 결과, 미스 도쿄 그랑프리를 수상하게 되었답니다.

미스 도쿄의 임기는 1년이었는데, 학교에 다니면서 친선 관광 대사로서 일하느라 매우 바빴지만 귀중한 경험을 했지요. 기모노를 입을 기회도 많았는데 그때 할머니가 기모노의 옷매무새를 정돈해주기도 하셨어요. 어찌나 마음이 든든하던지, 지금도 감사하게 생각하고 있답니다.

태어나기 전부터 런웨이를 걷다!

미스 도쿄의 임기가 끝난 후, 저는 항공 회사의 스튜어디스가 되어 국제선에서 근무하게 되었습니다. 매우 즐겁고 자극적인 하루하루를 보냈답니다. 그리고 오키나와로 귀향하여 다시 인생의 새로운 전환기를 맞이하게 되었습니다. 바로 초대 '미스 오키나와'로 선발된 것이지요. 그것을 계기로 '딱 한 번만'이라는 약속 하에 모델로서 패션쇼에 출연했습니다. 그런데 이 패션쇼에 출연한 것이 인생에 엄청난 변화를 불러일으킬 줄 누가 알았겠어요. 당시 패션쇼 디자이너로부터 "당신에게는 모델의 재능이 있어요"라는 이야기를 듣고, 그것이 계기가 돼 모델이라는 직업에 뛰어들게 된 것이지요. 지금도 그때의 패션쇼 사진을 보면 초심으로 돌아간 기분이에요.

그 후 패션모델로 활동하고 경력을 쌓으면서 결혼을 하게 되었고, 26세에 첫 아이 유를 임신했지요. 임신 6개월까지 패션쇼에 출연했으니까, 따지고 보면 아이는 제 뱃속에 있을 때부터 런웨이를 걸었다고 할 수 있겠네요.

3대가 함께 사는 가정이 많은 오키나와만의 특색 있는 양육 방식

오키나와에는 할아버지, 할머니와 함께 사는 3세대 가족이 아주 많아요. 물론 저희 집도 그랬습니다.

그래서 제 아이의 양육을 도와주신 건 두 분의 어머니였어요. 제가 일할 때에는 친정어머니가 아이를 돌봐주시고, 시어머니가 신타로(야마다 신타로, 저자의 아들로 일본의 가수·모델·배우로 활동하고 있다–옮긴이)를 돌봐주셨답니다.

시어머니는 특히 재봉을 잘하셔서 유가 연기 학원에 다닐 때 의상을 모두 직접 만들어주시고, 저와 유의 옷을 세트로 만들어주기도 하셨어요. 여자아이는 멋진 옷을 선물받으면 굉장히 좋아하잖아요. 유도 할머니의 사랑을 듬뿍 받으면서 할머니가 만들어주는 옷을 기대하곤 했지요.

오키나와의 가정은 형제가 많기로도 유명하지요. 저도 형제가 4명이라 굉장히 시끌벅적한 집에서 자랐습니다. 저, 여동생 둘, 남동생 이렇게 4명이에요. 저희 세 자매는 툭하면 싸우기 일쑤였지만 그에 못지않게 사이가 좋았고, 지금도 형제들끼리 자주 모인답니다.

딸 유도 어릴 때부터 동생들을 잘 돌봐주었고, 동생들은 유를 존경하고 맏이로 대우해줍니다. 제가 엄마라서 하는 말이 아니라 정말로 우애 깊은 형제들이지요.

이렇게 돌이켜보니 '내 양육 방식의 원점은 우리 가족'이었음을 확신하게 됩니다. 저희 부모님은 제가 좋아하는 것이라면 무엇이든지 하게 해주셨어요. 단 한 번도 제가 싫어하는 것을 억지로 시키지도 않으셨지요. 저희 형제들도 항상 서로 지지해주면서 사이좋게 자랐습니다.

그러니까 저는 조부모님, 부모님, 형제들이 제게 해준 것과 마찬가지로 제 아이들에게 해주고 있는 것뿐이랍니다.

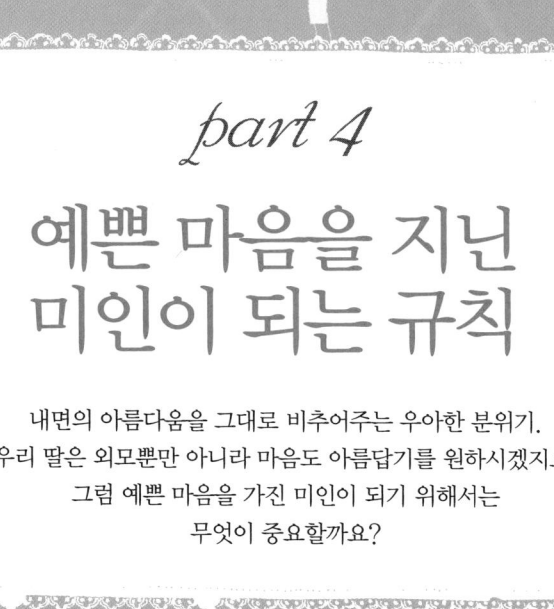

part 4

예쁜 마음을 지닌
미인이 되는 규칙

내면의 아름다움을 그대로 비추어주는 우아한 분위기.
우리 딸은 외모뿐만 아니라 마음도 아름답기를 원하시겠지요.
그럼 예쁜 마음을 가진 미인이 되기 위해서는
무엇이 중요할까요?

23

칭찬하고

칭찬하고
또 칭찬하라!

"정말 귀엽다", "네가 제일 예뻐" 여자아이는 이렇게 칭찬하기만 해도 금세 기분이 좋아지지요. 작은 일이라도 "참 잘했어", "열심히 했구나" 하고 칭찬하면 아이는 다음에도 열심히 해야겠다고 다짐하게 됩니다.

저는 딸을 칭찬하고 또 칭찬하고, 무조건 칭찬했습니다! 언제 어디서나 무엇을 하든 "유가 세상에서 제일 귀여워!" 하고요!

부모가 평소에 칭찬을 많이 하면 아이는 자신감을 갖게 됩니다. 자신감이 생기면 누구 앞에서든 당당하게 자기 의견을 말할 수 있지요. 그렇지만 무엇보다 자신감 있는 아이는 다른 사람을 배려하는 법을 알게 된답니다. 부모가 좋은 환경을 만들어주기만 하면 아이는 바르게 자랄 수 있어요.

그러니까 아이의 '작은 노력'을 적극적으로 응원하면서 계속 칭찬해주세요. '결과'만을 칭찬하는 것이 아니라 그 '과정'까지도 칭찬하는 것이 중요합니다. 그러면 아이는 실패를 두려워하지 않고 '다음에는 더 열심히 해서 꼭 성공할 거야!'라는 긍정적인 성격을 가지게 된답니다!

Lesson 23

노력하는 과정을 주목하고 적극적으로
칭찬해서 아이가 '자신감'을 갖게 하자

24

매일매일

KISS & HUG!

저는 유가 태어난 후 지금까지 매일매일 안아주었어요. 그리고 '잘 다녀오렴', '잘 다녀왔니' 하고 인사할 때마다 키스했지요.

　　그럴 때마다 '태어나줘서 고마워'라는 마음에 가슴이 뭉클해집니다. 이런 부모의 마음을 매일매일 키스와 포옹으로 아이에게 전해주는 거지요.

　　아이도 엄마에게 꼬옥 안길 때마다 '항상 나를 이렇게 따뜻하게 맞아주는 곳이 있구나' 하고 기운이 날 거예요. 사랑받는다는 자신감이 가득한 아이는 언제나 자신의 존재 가치를 인정할 줄 알고, 역경에 굴하지 않는 강한 마음을 갖게 됩니다.

　　또 놀랍게도 매일 키스와 포옹을 하면 아이의 작은 컨디션 변화나 감정까지 느낄 수 있어요. 대화뿐만 아니라 직접 살을 맞대는 스킨십으로 아이에게 사랑하는 마음을 전달하면 서로의 유대감도 아주 깊어진답니다.

Lesson 24

스킨십으로 아이에게 사랑하는 마음을 전달하자

25

기본적으로 지켜야 할

규칙을 정하자

딸아이는 3살 때부터 오키나와에서 모델 활동을 했습니다. 그러다가 중학교 2학년이 되었을 때 본격적으로 데뷔가 결정돼 혼자서 도쿄에서 생활하게 되었지요. 그 당시 저는 아이에게 이 3가지를 당부했습니다.

---

1. 시간 약속을 꼭 지킬 것

2. 인사를 꼬박꼬박 할 것

3. 누구에게나 감사하는 마음을 가질 것

이것은 제 모델 경험을 바탕으로 정한 가장 기본적으로 지켜야 할 규칙이었습니다. 간단해 보이지만 굉장히 중요해요. 아무리 중학교 2학년 여자아이라고 해도 일단 집을 벗어나면 '어른으로서의 자각'을 가졌으면 하는 마음에 신신당부했지요.

그중에서도 가장 강조했던 것이 바로 주위 사람들에게 항상 감사의 마음을 가져야 한다는 것이었습니다. 감사의 마음에서 시작되는 인간관계는 아이의 인생에 아주 소중한 재산이 된답니다.

Lesson 25

다른 사람에 대한 감사의 마음과 인간관계를 가르치자

26

언제나 아이와

일대일로 마주하자

제 딸 유는 장녀입니다. 아래로 남동생이 2명 있어요. 아이가 3명이나 있으면 부모는 아이들을 모아놓고 훈계하기 쉬운데, 저는 꼭 한 명씩 불러서 훈계했습니다. 유를 혼낼 때에도 장녀로서의 자존심을 해치지 않도록 절대 남동생 앞에서는 혼내지 않았지요. 이것은 아이들이 태어난 이후 계속 지켜왔던 저만의 규칙입니다.

형제자매라고 해도 각자 자아를 가진 개인입니다. 부모는 아이와 일대일로 마주해야 합니다. 저는 이것이 양육에서 가장 중요한 점이라고 생각해요.

예를 들면, 유의 생일은 7월 5일이고 남동생 신타로의 생일은 7월 10일입니다. 이런 경우, 보통 아이들의 생일을 하루에 몰아서 축하해주는 가정이 많지만, 저는 반드시 따로 축하해주었습니다. '그렇게 사소한 부분까지 신경 쓸 필요는 없잖아요?' 이렇게 생각하실지도 모르겠네요. 하지만 아이의 생일이란, 부모가 아이를 어엿한 한 사람으로서 존중해주는 의미 있는 하루입니다. 아이가 자아를 갖고 제대로 성장하기 위해서는 아이와 일대일로 마주할 필요가 있어요.

Lesson 26

아이를 개인으로서 존중해주고
자아를 가질 수 있도록 하자

27

아이의 옷은

스스로
고르게 한다

유가 초등학교 2학년일 때, 이런 일이 있었습니다. 귀여운 캐릭터가 그려진 원피스를 주며 입으라고 했더니 "이런 옷은 입기 싫어!" 하고 울어버린 거예요.

평소 유는 활발한 성격이라서 티셔츠와 바지를 즐겨 입었지만, 저는 여자아이니까 이왕이면 예쁜 원피스를 입히고 싶었어요. 그러나 유가 우는 모습을 보고 크게 반성했습니다. 아이에게 엄마의 취향을 강요하면 안 되겠구나, 그렇게 다짐하고 난 후부터는 아이가 멋을 부릴 때에도 뒤에서 도와주기만 했지요.

아이도 자기 나름대로 입고 싶은 옷이 있겠지요. 옷이란 어떻게 하면 자기를 더 멋지게 보일지, 개성을 주장할 수 있는 중요한 수단이니까요. 오히려 언제까지나 엄마가 골라준 옷만 입는 것도 문제가 있다고 할 수 있어요.

아이가 입고 싶은 옷을 직접 고르게 하고, 그 옷이 잘 어울리는지 판단하게 하세요. 바로 이것이 아이를 개성이 풍부한 패셔니스타로 만드는 감성을 키우는 훈련이랍니다.

Lesson 27

패션에 대한 '감성'을 훈련시켜 아이의 개성을 키우자

28

아이가 배우고 싶어 하는 것은

모두
시켜주자

아이의 가능성을 더 넓게 열어주고 싶을 때, 아이가 관심이 있는 것은 모두 시켜주세요. 부모가 권하는 것이 아니라, 아이가 직접 선택하게 해야 합니다.

유는 3살부터 발레와 영어를 배웠고, 4살 때에는 역사와 수영을 배웠습니다. 초등학교에 입학하고 나서는 서예와 주산을 배웠지요. 발레는 금방 싫증을 냈지만 서예는 5단이 될 때까지 열심히 했답니다.

아이가 유아기부터 영어를 즐겁게 접하길 원하신다면 디즈니 만화영화를 더빙 없이 보여주세요. 영어에 익숙해질 수 있는 아주 좋은 방법이에요.

아이는 일단 호기심을 가지면 놀라울 정도로 집중력을 발휘한답니다. 반대로 전혀 흥미가 없으면 아무리 억지로 시켜도 발전하지 않고 오래가지 못하지요.

아무튼, 해보지 않으면 모르는 것 아니겠어요? 물론 때로는 힘들거나 좌절할 때도 있을 겁니다. 하지만 자기가 정말 좋아하는 일이라면 분명 잘 이겨낼 수 있어요. 아이의 호기심을 채울 수 있도록 여러 가지 경험을 시켜주세요. 많은 경험을 통해 아이는 더 아름답고 강해질 거예요.

Lesson 28

아이의 '호기심'을 키워서
미래의 가능성을 활짝 열어주자

29

어릴 때부터

'숙녀' 대우를 해주자

저는 아이가 어릴 때부터 "유는 이제 어엿한 숙녀니까……" 계속 그렇게 말하며 한 명의 여성으로 대우했습니다. 어리다고 무조건 어리광을 받아주면 안 됩니다. 어디까지나 사랑을 가득 담아서 '아이가 알아서 하도록' 내버려두세요.

유는 유치원에 다닐 무렵, 혼자서 버스를 타고 할머니 댁에 놀러간 적이 있어요. 요즘에는 세상이 흉흉해서 아이를 떼어놓기 어렵겠지만, '아이가 알아서 하도록' 내버려두면 '스스로 해 보자', '혼자서 해내다니 대단해!'라는 자립심과 여성상이 아이의 마음속에서 싹트게 된답니다. 마치 남자아이들이 히어로들을 멋지다고 생각하는 것처럼, 여자아이는 어른스럽고 아름다운 여성을 의미하는 '숙녀'라는 말을 동경하는 것이지요.

저는 오키나와라는 다양한 문화가 공존하는 곳에 살면서 어린 딸아이를 숙녀로 대우하는 법을 배웠습니다. 아이를 숙녀로 대우하면 어른스러워지고 자연히 예의범절에도 신경을 쓰게 된다는 장점이 있지요.

Lesson 29

일부러 아이가 알아서 하도록
내버려둠으로써 '자립심'을 키우자

30

사춘기의 사랑 이야기를

개방적으로
받아들이자

엄마와 딸이 친구처럼 사이좋게 지내는 것도 큰 즐거움입니다. 아이가 사춘기에 접어들면 좋아하는 남자아이 이야기를 할지도 모르지요. 유의 첫사랑은 아마 초등학교 4~5학년이었던 걸로 기억해요. 하지만 딸아이는 고백은 하지 않고 '좋아하는 마음을 즐기는' 타입이었지요.

그러나 남자 친구가 생기면 반드시 집으로 데려와서 소개해주었습니다. 물론 남동생들도 마찬가지였어요. 사귀는 상대를 부모에게 소개하는 것은 아주 당연한 일이니까요. 가족끼리 함께 식사하거나 여행을 가기도 했답니다. 이렇게 사귀는 사람을 소개하는 과정을 거치면서 당당하게 연애할 수 있으니 얼마나 좋은가요.

아이와 연애 이야기를 개방적으로 나눌 수 있는 부모가 되기 위해서는 역시 평소 커뮤니케이션이 중요하다고 할 수 있겠지요. 특히 질풍노도의 사춘기 때 가장 효과적인 커뮤니케이션 방법은 바로 교환일기입니다. 아이가 무엇을 생각하는지 잘 알 수 있고, 말하기 어려운 것도 문자로 대신하여 솔직하게 전할 수 있답니다.

아이의 연애관은 어느 정도 부모를 기준으로 삼는 경우가 있습니다. 만약 그렇다면, 엄마가 아닌 여성으로서 아이에게 조언해주는 것도 좋겠지요.

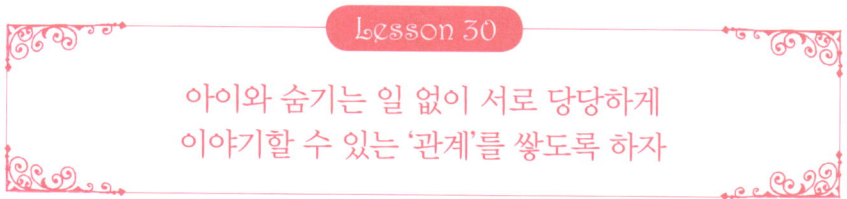

Lesson 30

아이와 숨기는 일 없이 서로 당당하게
이야기할 수 있는 '관계'를 쌓도록 하자

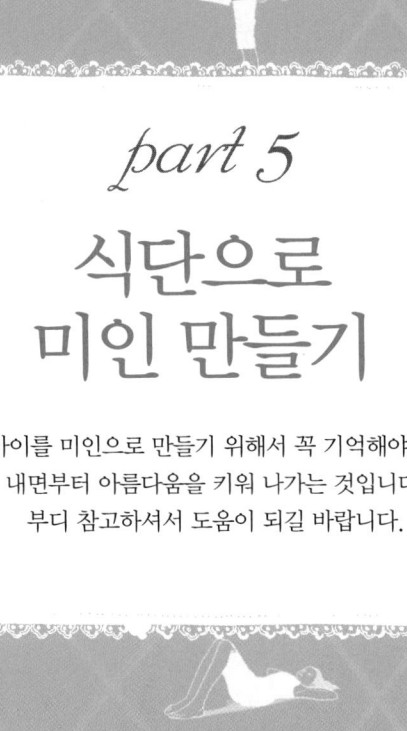

part 5
식단으로
미인 만들기

여자아이를 미인으로 만들기 위해서 꼭 기억해야 할 것은
내면부터 아름다움을 키워 나가는 것입니다.
부디 참고하셔서 도움이 되길 바랍니다.

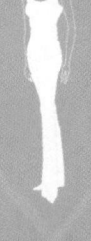

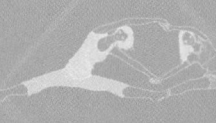

31

미인의 비결은 매일 아침식사를 하는 것

간편한
아침 메뉴

식사란 아이가 성장하기 위한 토대를 만드는 과정이라고 할 수 있어요. 아이는 매일매일 식사하면서 아름다운 몸과 마음을 가꾸어 나갑니다. 그러므로 하루를 시작하는 아침식사는 매우 중요합니다. 엄마가 열심히 만들어야겠지요.

유는 어릴 때부터 동아리 활동을 하느라 새벽에 등교하기도 하고, 식욕이 전혀 없어서 아침을 거르는 날이 많았어요. 저는 그때 아무리 시간이 없고 식욕이 없어도, 일단 뭐라도 꼭 먹이고 등교를 시키리라 다짐했습니다. 아침식사를 거르면 살찌기 쉽고 날씬해지기 어려운 체질이 된다고 합니다.

아침밥 대용으로 가장 손쉽게 만들 수 있고 영양가가 풍부한 것은 여러 가지 과일과 채소, 두유를 함께 믹서에 갈아서 만든 주스랍니다. 예를 들어 사과, 키위, 바나나, 오렌지, 시금치에 두유를 넣은 주스는 애정 듬뿍! 영양 만점! 내일 아침에라도 당장 만들어보세요.

또 채소만으로 만든 콘소메 수프에 당면을 넣으면 담백한 맛이 일품인 '당면 수프'가 된답니다. 바쁜 아침 시간에 간단하게 먹을 수 있어서 아주 좋아요.

Lesson 33

하루를 시작하는 아침식사는 미인이 되는 지름길
시간이 없어도 조금이라도 꼭 식사하자

시간이 없어도 꼭 아침식사를 하자

느긋하게 아침을 먹을 시간이 없을 때에는 주스나 수프가 제일이지요. 손쉽게 만들 수 있는데다가 영양 만점! 식욕이 없을 때에도 추천합니다.

영양 듬뿍 '두유 채소 주스'
사과, 키위, 바나나, 오렌지, 시금치와 두유를 믹서로 갈면
간단하게 영양 듬뿍 두유 채소 주스가 완성! 취향에 따라서
여기에 다른 과일을 첨가해도 좋습니다.

채소가 듬뿍 들어간 '당면 수프'

채소만으로 만든 콘소메 수프에 당면을 넣은 당면 수프입
니다. 당면은 저칼로리 음식으로 다이어트에 효과적이에
요. 담백한 맛이기 때문에 식욕이 없는 아침에도 부담 없이
먹을 수 있어요.

32

오키나와 '탁주'로

몸매를 날씬하게
유지하자

여자아이라면 사춘기에 접어들면서 다이어트에 신경을 쓰기 마련이지요. 하지만 성장기에 지나친 다이어트는 위험하답니다. 무리한 다이어트 때문에 거식증까지 걸린 모델도 있으니까요.

더군다나 유는 중학교 2학년 때부터 혼자 살기 시작했으니 식사를 소홀히 할까봐 무척 걱정되었어요. 그래서 매일 전화로 "밥은 제대로 챙겨 먹고 있니?", "저녁은 먹었어?" 하고 귀에 못이 박일 정도로 물어보곤 했지요. 그렇지만 모델이니만큼 식단에도 신경 써서 날씬한 몸매를 유지해야 했어요.

그래서 저와 유가 생각해낸 것이 바로 '탁주'를 마시는 것이었어요. 오키나와의 '탁주'는 아와모리泡盛(오키나와산 증류주, 소주의 일종 – 옮긴이)의 제조 과정에서 우러난 엑기스라고 할 수 있지요. 천연 구연산을 비롯하여 아미노산, 비타민, 미네랄이 풍부해서 컨디션이 상쾌해지고 신진대사를 활발하게 해준답니다.

평소에는 그냥 마셔도 좋지만, 얼음을 넣거나 물을 타서 마셔도 맛있어요. 탁주라고 하면 술 특유의 톡 쏘는 향을 떠올리는 분이 많으시겠지만, 의외로 상큼하고 마시기 쉬운 점이 매력이에요. 저와 유는 건강과 미용을 위해서 매일 마신답니다.

Lesson 32

매일 구연산과 아미노산 등이 풍부한
'탁주'를 마시며 신진대사를 높이자!

33

고향에 미의 비결이 있다!

미인이 되는
요리법

오키나와에는 돼지고기를 사용한 요리가 아주 많습니다. 흑돼지의 고급 브랜드인 '아구 부타'도 유명하지요.

돼지고기는 비타민 B1이 풍부하고 탄수화물을 에너지로 바꿔주는 기능을 한답니다. 그래서 피로회복에 좋고, 안티에이징과 피부 미용에도 탁월한 효과를 발휘하지요. 따라서 돼지고기를 사용한 오키나와 요리는 저희 집 식단에서 빠지지 않는답니다.

그중에서도 아와모리를 사용해서 삶은 카쿠니(돼지고기를 큼직하게 썰어서 양념하고 육수를 부어 끓인 것-옮긴이) 요리인 '라후티(돼지 삼겹살을 간장 양념으로 푹 삶은 것-옮긴이)'가 제일이지요. '미미가(돼지의 귀 부분 가죽을 사용한 요리-옮긴이)'의 초 된장 무침도 추천하지만, 특히 포크 런천미트를 사용한 '고야 참프루(고야와 함께 각종 채소를 볶은 것-옮긴이)'는 저희 집에서 가장 즐겨 먹는 요리입니다.

또 오키나와는 채소도 매우 독특해요. 비타민 C가 풍부한 그린 파파야는 볶아서 먹으면 맛있고, 시마나(오키나와의 잎채소로 겨자와 같음-옮긴이)와 단백질이 풍부한 '시마토후(오키나와식 두부-옮긴이)'를 함께 볶아서 살짝 삶은 요리도 아주 맛있어요.

이렇게 특별히 관리하지 않고 매일 먹는 오키나와 특유의 식재와 요리가 바로 미인이 되는 식단이 아닐까 싶습니다.

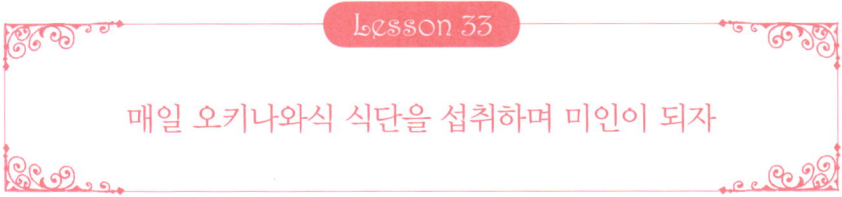

Lesson 33

매일 오키나와식 식단을 섭취하며 미인이 되자

'오키나와식 식단'에 미인이 되는 요리법이 가득

오키나와에는 미용에 도움이 되는 식재와 돼지고기를 사용한 요리가 많습니다. 여기서는 저희 집 식탁에 주로 올라오는 요리들을 소개하겠습니다.

🐷 미용에 도움이 되는 돼지고기를 사용한 오키나와 요리

라후티
아와모리를 사용해서 푹 삶은 오키나와식 카쿠니 요리입니다. 부드럽고 육즙이 풍부해서 아이들이 좋아해요.

고야 참프루
고야(여주)가 듬뿍 들어간 볶음이자 오키나와를 대표하는 요리라고 할 수 있지요. 돼지고기를 가공한 통조림인 포크 런천미트를 사용하는데, 저희 집에서 가장 즐겨 먹는 요리랍니다.

미미가
돼지 귀 가죽을 삶거나 쪄서 잘게 자른 요리입니다. 오독오독한 식감으로 콜라겐이 아주 풍부해요. 그냥 먹어도 맛있지만 저희 집에서는 초 된장 무침을 해서 먹지요.

미용에 도움이 되는 오키나와의 식재

고야

여주라고 불리기도 하는 고야는 쌉쌀한 맛이 특징이에요. 특히 무더위에 입맛이 없을 때나 다이어트에 효과가 있어요.

그린 파파야

피부 미용에 좋은 비타민 C가 풍부한 그린 파파야는 주로 볶음 요리에 많이 사용해요.

시마나

독특한 매운맛이 특징인 푸른 잎의 채소 입니다. 살짝 데쳐서 다른 음식에 곁들 이기도 하고 샐러드로 만들면 좋아요.

시마토후

오키나와식 두부로 단단하고 농후한 맛이 특징이랍니다. 단백질도 아주 풍 부하지요.

34

식사 중에는
TV를 끄자!

식사 중에는 TV의 전원을 끄는 것이 저희 집의 규칙입니다. TV를 켜놓고 있으면 아이들은 그쪽에 신경이 쏠려서 식사에 온전히 집중하지 못해요. 그리고 누가 말을 걸어도 건성으로 대답하니까 가족들 간의 대화가 제대로 이루어지지 않지요.

어른이 되면 다른 사람과의 관계를 돈독하게 하기 위해 함께 식사하는 일이 잦습니다. 그러므로 어릴 때부터 식사 시간에 대화를 즐기는 습관을 들이면, 나중에 매우 도움이 되겠지요. 아름다운 여성은 식사할 때의 대화도 능숙한 법이지요.

저희 집에서는 저녁을 항상 오후 6시 무렵에 시작해서 적어도 1시간, 길게는 2시간에 걸쳐서 식사했어요. 느긋하게 시간을 들여 식사하면 뇌의 만복 중추가 자극되어 과식을 방지할 수 있답니다. 미인이 되기 위해서는 과식하지 않도록 주의를 기울여야 하겠지요. 이제는 '혼자 식사하는 일이 잦은 시대'가 되었지만, 엄마가 중심이 되어서 일주일 중 몇 번이라도 가족이 다 함께 둘러앉아 천천히 식사하는 시간을 가져보시면 어떨까요?

Lesson 34

식사 시간에는 느긋하게 맛을 음미하며
대화를 나누도록 하자

35

음식은 먹을 만큼만

스스로
덜어 먹기

마음껏 무제한 먹을 수 있는 뷔페에서, 접시에 음식을 가득 담았다가 다 못 먹고 남기는 사람을 본 적이 있으시죠? 그런 사람은 아무리 얼굴이 예뻐도 미인이라고는 볼 수 없겠지요.

먹고 싶은 것을 먹을 만큼만 덜어 먹고 음식을 남기지 않는다. 이런 당연한 일은 어릴 때부터 제대로 가르쳐야 합니다.

그래서 저는 유에게도 음식을 남기지 않도록 엄하게 가르쳤어요. 매일 식사를 할 때마다 얼마나 먹을 수 있는지 물어보고 그만큼 그릇에 담아 주었지요. 아무튼, 스스로 음식의 양을 조절하는 것이 중요해요. 그렇게 하니 아이는 음식을 남기거나 편식도 하지 않고 골고루 잘 먹게 되었답니다.

음식을 남기지 않는 것은 생을 이어가는 것에 대한 감사와 식재를 만든 이들에 대한 감사, 요리해준 이들에 대한 감사의 마음을 표현하는 태도라고 할 수 있지요. "잘 먹겠습니다"와 "잘 먹었습니다"를 진심을 담아 확실히 말할 수 있는 아이로 키우도록 합시다.

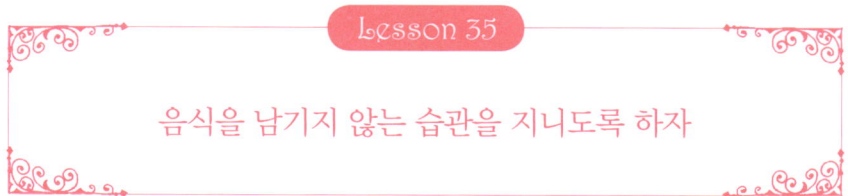

Lesson 35

음식을 남기지 않는 습관을 지니도록 하자

엄마가 딸에게 알려주고 싶은
미래의 마음가짐

엄마가 딸에게,
아름답고 즐거운 마음으로 어른이 되길 바라며…….

엄마가 되어서도 여성으로서의 긴장감을 갖고 생활한다면

제 딸이 결혼해서 가정을 꾸린 뒤에도 남편과의 긴장감을 계속 유지했으면 좋겠습니다.

이것은 제 어머니가 가르쳐주신 이야기예요. 어머니는 상냥하고 아주 센스 있는 멋쟁이셨습니다. 집에 있을 때에도 언제나 화장을 하고 계셨으니까요.

지금도 어머니가 집에서 머리에 헤어 롤을 감고 있던 모습이 생생하게 기억납니다. "집에만 있는데 왜 머리 손질을 하는 거예요?" 하고 물어봤더니 "아빠가 오실 때 예쁜 모습으로 맞아주고 싶어서"라고 대답하셨지요. 어머니는 아버지에게 언제나 여성으로서의 긴장감을 갖고 계셨던 것이에요.

꾸미기를 좋아했던 어머니는 오사카 만국박람회 때 저희 세 자매에게

새하얀 원피스를 세트로 맞춰주셨어요. 그때의 멋진 원피스는 행복한 어린 시절의 추억으로 남아 지금도 선명하게 기억납니다.

집은 우리가 편히 쉴 수 있는 장소이지만, 그렇다고 칠칠치 못한 모습으로 늘어져 있어서는 안 된다고 생각합니다. 항상 주위를 의식하면서 생활해야 여성으로서의 아름다움을 더 오래 유지할 수 있어요. 특히 여자아이를 키울 때는 엄마의 이런 마음가짐이 딸에게 이어진다고 생각합니다.

가정을 가진 후에도 형제자매의 우애를 소중히

유와 두 남동생들은 우애가 아주 좋아서 걱정할 것도 없지만, 지금처럼 앞으로도 계속 서로 생각해주고 무슨 일이 생겼을 때에는 서로 버팀목이 되어주면서 살았으면 좋겠습니다.

저희 형제들도 매우 사이가 좋아서, 서로 가정을 꾸린 지금도 가끔 모여서 맛있는 것을 먹으러 가기도 한답니다. 장녀인 저를 선두로 여동생 둘과 남동생까지 사남매 모두가 말이지요!

어릴 때에는 싸우기도 많이 싸웠지만, 나이를 먹을수록 새삼 자매가 좋다는 것을 실감하게 되었어요. 요즘에는 자매끼리 모이는 일이 부쩍 늘어났는데, 유가 그걸 보더니 조금 부러워하는 것 같았습니다. 유는 남동생만 둘이니 여동생이 있었으면 했나 봅니다.

형제자매가 사이좋아지는 비결을 굳이 말하자면 항상 긴밀하게 연락을 취하는 것이 아닐까 싶습니다. 적어도 일주일에 한 번은 전화로 "건강하게 잘 지내니?", "요새 뭐 하고 살아?" 같은 별것 아닌 이야기를 하면서 목소리를 듣기만 해도 안심이 되니까요.

제 아이들도 이런 모습을 본받아서 서로 자주 연락을 한답니다. 각자 가정을 가진 후에도 지금처럼 형제의 유대 관계를 소중히 했으면 좋겠습니다.

출산 후 무너진 몸매를 가꿀 때에는 원피스 수영복으로!

셋째를 임신하면서 20킬로그램이나 살이 쪘습니다. 그리고 원래 몸매로 돌아가는 데에 약 1년이 걸렸지요.

출산으로 늘어진 뱃살을 탄력 있게 끌어올리기 위해서 애썼을 때 가장 도움이 되었던 것이 바로 원피스 수영복이었습니다. 사이즈는 조금 작은 것이 입을 때 몸에 긴장감을 준답니다.

저는 다이어트는 하지 않고 운동으로 땀을 빼서 체중을 줄이는 편입니다. 아무리 많이 먹어도 그만큼 운동하면 괜찮다고 생각하거든요. 고야나 파파야, 수세미 등 오키나와에서 흔하게 사용하는 식재료는 신진대사를 활발하게 하고 피부 미용에도 효과가 있어요. 몸매를 관리할 때에는 피부

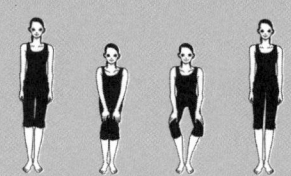

도 탱탱하게 유지하도록 신경을 쓰고 있지요.

그리고 아이를 돌보느라 집에만 있으면 자기도 모르게 자세가 안 좋아지고 행동거지도 아줌마처럼 변해버리기 쉽습니다. 그럼 몸매에 그대로 반영되니까 방심은 절대 금물이에요!

매일 체중을 잴 것, 거울을 자주 볼 것!

아무튼, 얼굴의 라인이나 몸매를 체크하면서 긴장감 있는 생활을 지속하는 것이 제일 중요합니다.

내 딸도 가정을 가진 뒤에 이 점을 꼭 유념했으면 좋겠어요. 언젠가 아이를 낳고 나서 항상 긴장감을 갖는 습관이 반드시 도움이 될 것이라고 믿습니다.

아이가 풀이 죽었을 때는 가만히 옆에 있어줄 것

유와 신타로를 낳고, 몇 년이 흐른 뒤 셋째를 낳았기 때문에 유와 셋째는 11살이나 차이가 납니다. 장남인 신타로는 요리와 설거지 모두 잘하지요. 저는 집안의 사랑을 독차지하는 막내인 셋째도 집안일을 돕도록 가르쳐야 한다고 생각합니다. 그래서 고리타분한 이야기이지만, '막내에게는 동물을 돌보게 하라!'고 유에게도 충고하지요.

아이를 키우면서 제가 제일 주의하는 것은 3명의 아이를 각각 한 명씩 마주 대하는 것과 무슨 일이 있더라도 그날의 일을 다음날로 미루지 않는 것입니다.

부모 자식 사이에 대화가 없으면 절대 안 됩니다! 저는 "○○이잖아!" 하고 벌컥 화를 내다가도 바로 평소처럼 대화해요. 그래서 아이들이 "방금 그렇게 화를 냈으면서……" 하고 불만을 토로할 때도 있어요. 어쩌면 제가 엄마이기 때문에 화를 막 내다가도 아무렇지 않게 말을 걸 수 있는 것일지도 모르겠습니다.

아이가 고민할 때에는 "왜 그러니?" 하고 묻지 마세요. 그저 가만히 옆에 있으면서 아이가 스스로 이야기할 때까지 기다려주세요. 저는 유를 그렇게 키웠습니다. 어머니가 제게 가르쳐주었던 것처럼, 제가 유에게, 그리고 유가 유의 딸에게 가르치겠지요. 부디 딸을 사랑하는 엄마의 마음이 전해지길 바랍니다.

"유와 저는 서로에 대해 뭐든지 알 수 있는
세상에 단 하나뿐인 소중한 존재입니다."

저자 야마다 미카코(오른쪽)와 딸 야마다 유
야마다 유는 모델이자 가수 겸 영화배우로
활발한 활동을 하고 있다.
〈꽃보다 남자〉에 출연한 톱스타 오구리 슌과
2012년 결혼해 유명 연예인 커플로 화제가 되었다.

혹시 유와 제가 가장 최근에 어떤 일로 다퉜는지 궁금하시다면, 글쎄요 금방 떠오르지 않는 사소한 것뿐입니다. 굳이 말하자면 "엄마, 또 내 옷 입었지?" 하고 유가 화를 내면 "네 옷 좀 입는다고 닳는 것도 아닌데 뭐 어떠니!" 하고 제가 반격하는 그런 식이에요.

평소에는 아이들보다 제가 희로애락을 확실히 표현하는 타입이라서, 아이들이 "무슨 일 있었어?" 하고 위로하거나 "그랬구나……" 하고 달래주기도 한답니다.

이런 식으로 부모와 자식 사이에 대화하고 자주 긴밀하게 연락해야 좋은 부모 자식 관계를 유지할 수 있어요.

언제나 몇 살이 되었든 저는 아이들 한 명 한 명을 제대로 마주하고 싶고, 언제까지나 '우아한 여성'을 목표로 딸과 함께 성장하고 싶다고 소망합니다.

이 책이 여러분의 육아에 아무쪼록 도움이 되었으면 좋겠습니다.

옮긴이 **송효선**

세종대학교 일어일문학과를 졸업했고, 앞으로 일본의 문화와 도서를 소개하는 일을
업으로 삼고 싶은 꿈을 갖고 있다.

우리 아이 예쁜 몸매 만드는 비결 35

초판 1쇄 발행일 2013년 1월 20일

지은이 야마다 미카코
옮긴이 송효선
펴낸이 김현관
펴낸곳 율리시즈

표지 디자인 song 디자인
책임편집 김미성
종이 세종페이퍼
인쇄 및 제본 천일문화사

주소 서울시 양천구 목4동 775-19 102호
전화 (02) 2655-0166/0167
팩스 (02) 2655-0168
이메일 ulyssesbook@naver.com
ISBN 978-89-98229-01-6 13590

등록 2010년 8월 23일 제2010-000046호

값 12,000원